JN129425

雷鳴と稲妻

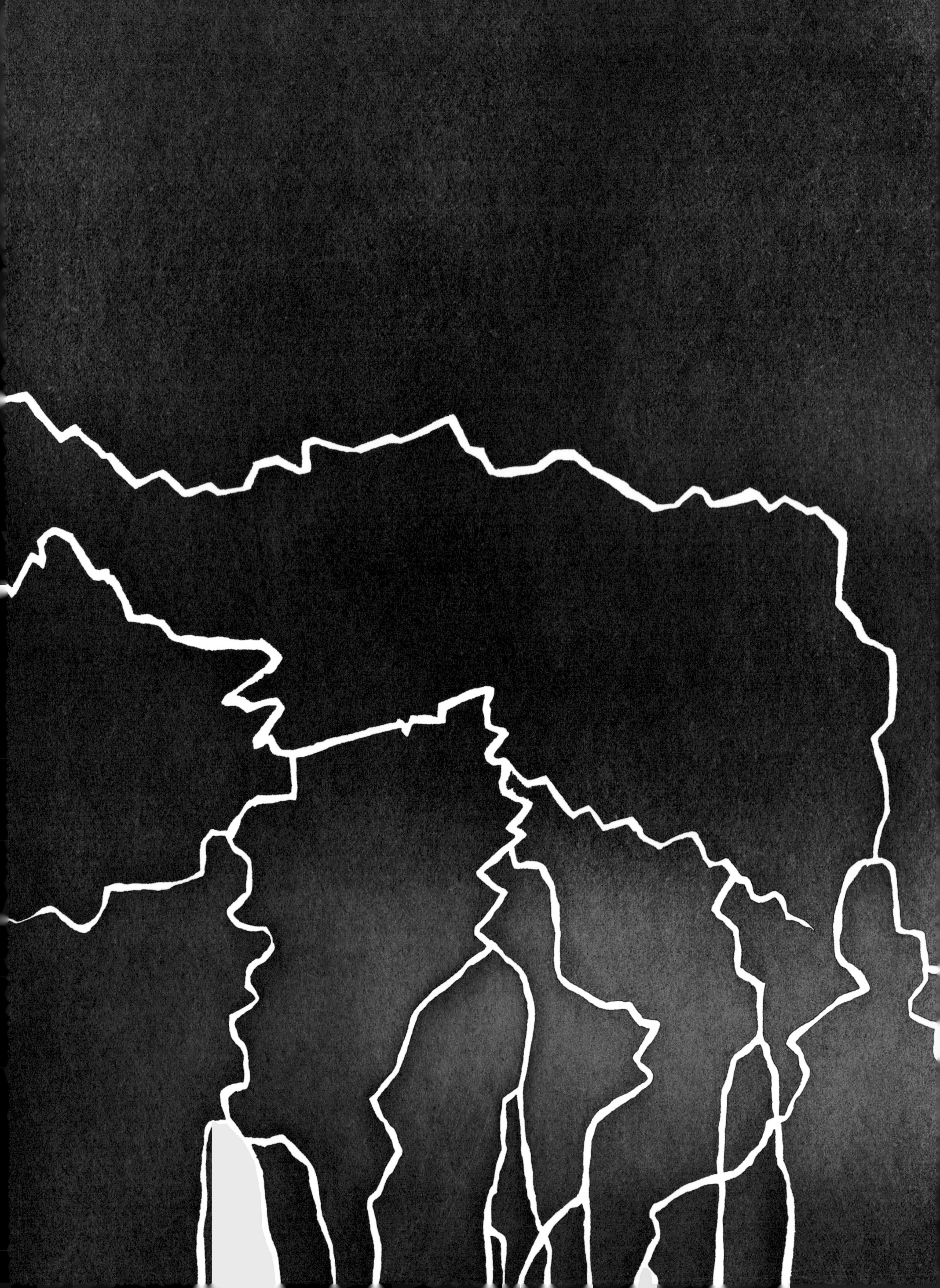

雷鳴と稲妻

気象の過去、現在、未来

ローレン・レドニス 著

徳永 里砂 訳

国書刊行会

JとSとTに
捧げる

「ちょうど私が気象の話題か何かで間を持たせようかと考えていた矢先、彼女が口を開いた。」

P・G・ウッドハウス『ウースター家の掟』

目次

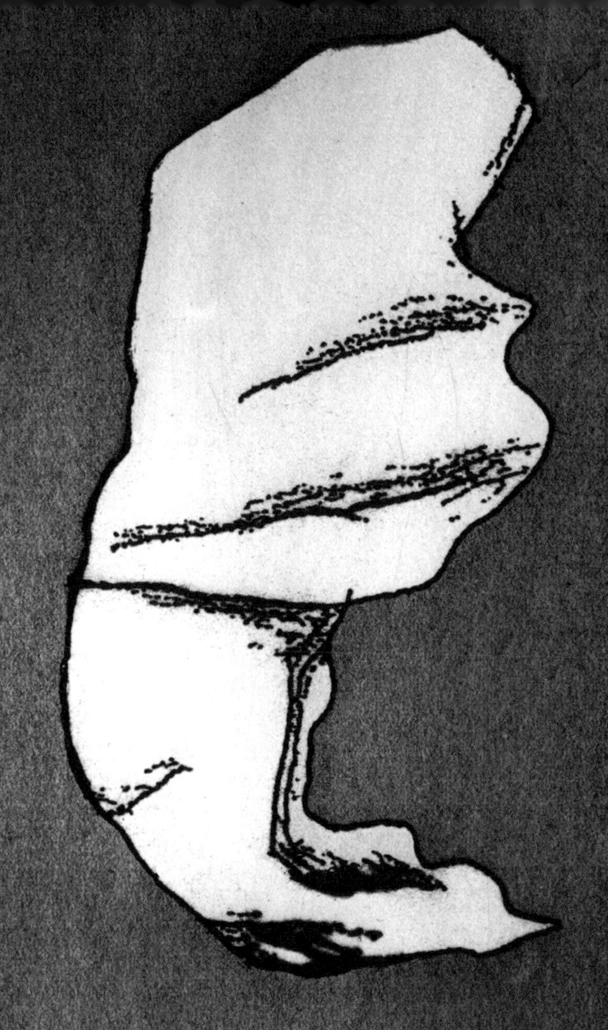

第 1 章

混沌

前は、

美しく平穏でした。

それはこの小さな台地の上に、

他の景色を見下ろすように立っていました。

山々がすべて

それを取り囲んでいるのが

一望できました。

花々、茂み、灌木。

実にとても美しい

墓地だったのです。」

スー・フルウェリングはバーモント州ロチェスターのウッドローン墓地の管理人だ。

「えぐり取られた大穴のせいで、今や墓地はまさに強姦の被害者のようです。無遠慮な言い方かもしれませんが、これが今の状態についての印象です。つまり、修復は可能でも、傷跡は消えないでしょう。」

ハリケーン・アイリーンは、2011年8月下旬に、細長い低気圧地域──「熱帯波動」──としてカリブ海で発生した。雲と雷雨が生じ、風は勢いを増して嵐となり、8月20日にセント・クロイ島を襲った。暖かい水の上でアイリーンは勢力を増し、カテゴリー3のハリケーンとなってバハマを時速120マイル［約193キロ］の風と共に回転しながら進んだ後、ノース・カロライナに上陸する前にカテゴリー1まで弱まった。豪雨を伴いながらアイリーンは北上した。そして、8月28日のちょうど夜明け前にニュージャージー州のリトルエッグの入り江を、同日朝にはコニーアイランドを襲い、その晩にはバーモント州とニューハンプシャー州を通過した。

アイリーンが消滅するまでに、49人が犠牲になった。嵐による損害額は推定およそ160億ドル。バーモント州ロチェスターでは道路が流され、橋は崩れ、家々が倒壊した。ロチェスターのネーソン川の排水のための暗渠には土砂が詰まった。パイプを通って流れなかった嵐による雨水が周囲にどっとあふれ出し、ウッドローン墓地は水浸しになった。墓は掘り返され、バーモントの検視局が遺体の同定のために呼ばれた。検視局副局長のエリザベス・バンドック博士は、フルウェリングら地元の役人たちとともに作業を行った。

スー・フルウェリング：「あの日は、強風になるものと思っていました。天気予報ではそうなっていましたから。私たちは風に備えていたのに、まったく風が吹かなかったのです。問題はとにかく水でした。」

エリザベス・バンドック：「墓地の一部が流されました。人骨は水に運ばれて、道や野原に落ちていました。」

スー・フルウェリング：「墓地は川の少し上にあります。それはホワイト河に注ぐ小さな支流のひとつで、本当に、ほんのちっぽけな小川なんです。」

エリザベス・バンドック：「夏には干上がることもあります。」

スー・フルウェリング：「でも、暗渠が詰まってしまい、川の水が大木を倒し、それが水の流れを止めたので川は向きを変えて墓地の方へと流れて行きました。」

エリザベス・バンドック：「ひとつ 800 ポンド［訳注：約 363 キロ］か 1000 ポンド［約 454 キロ］くらいある納棺所が倒壊し、棺が納棺所の外に出ていました。一部が泥と大小の岩に埋もれた棺桶もあれば、凹んで、壊れて開いてしまったものもありました。」

スー・フルウェリング：「火葬された遺体もあって、それらについては何も見つからないでしょう。」

エリザベス・バンドック：「絞り込めるよう、流された棺のリストを用意しました。」

スー・フルウェリング：「私たちが認識している限りでは、54 体の遺体が失われました。」

エリザベス・バンドック：「50 名の名簿がありますが、50 体の遺体はありません。それらの半数は 50 年以上前に埋葬されたものです。当時は遺体が木棺に入れられていて、現在までに骨になっていることでしょう。棺は腐敗していたはずです。ですから、これらの遺体については、何を探せばよいのか知ることさえ困難なのです。」

スー・フルウェリング：「家族の方々からは、自分たちの区画が流されたのかどうかを問い合わせる電話がかかってきていました。」

エリザベス・バンドック：「あらゆる形の遺体について、広範囲の捜索を行いました。しかし、がれきと木の幹、それに遺体を覆っていた植生が非常に厚く積み重なっていたので、必然的に見つからなかったものがたくさんあります。」

スー・フルウェリング：「私たちが見つけて差し上げられるのが、骨とかけらだけ、という方々もいらっしゃいます。」

エリザベス・バンドック：「棺の特徴も個人の特徴も手がかりとして利用しています──傷跡、衣服、宝飾品、個人の遺品、誕生石の指輪など、個人の際立った特徴ならば何でも。時には、傷跡や切断の痕跡の有無などの身体的特徴や、大きな鼻や際立ってたくましい顎といった顔の特徴もです。頭髪も助けになります。巻き毛、直毛、長毛。衣服や宝飾品と共に埋葬される人もいます。写真や手書きのカード、孫たちからのカードのようなものと埋葬される人たちもいます。フリーメーソンやシュラインのメンバーだった人もいて、彼らは人生のそういった側面に関連したものと埋葬されています。ペンだったりフェズ帽だったり。」

スー・フルウェリング：「私たちが身元を確認できなかったものについては DNA が採取され、検査に送られました。ある棺の中には小さな薬瓶があり、中に紙が入っていました。紙は湿っていましたが、分解されてはいませんでした。それを開くと、それが誰の棺で、いつ死亡し、いつ埋葬されたのか、親戚が誰なのかが書かれています。この小瓶を棺の中に入れるために、追加で 70 ドル支払ったと思います。」

エリザベス・バンドック：「私たちが全員を同定することはできないでしょう。」

スー・フルウェリング：「身元不明の骨はどこかに埋葬しなくてはなりません。私たちは、すべての身元不明の骨のために 1 区画を提供するつもりです。そこに見つからなかったすべての方々のためのひとつの墓石を設置します。遺体とともに流されてしまった墓石もあります。それらはがれきの中から見つけ出します。」

エリザベス・バンドック：「私はこの破壊された有様を眺めていました。それから別の方向、180 度くるりと向きを変えて、バーモントの丘を背景とする最も美しく平穏な景観を目のあたりにします。その空は、とにかく美しいのです。その水の威力、そして千ポンドのコンクリート製の納棺室を河床に転げ落とす速度がどれほどのものだったのか、驚き立ち尽くすばかりです。大抵の人々は、愛する人たちが埋葬されたら、そのまま残って欲しいと望みますよ。」

スー・フルウェリング：「墓地というものは、物事すべての中のひとつの小さな終止符です。生きている人たちの支えとならなくてはならないのです。」

第２章

寒さ

エスキモーの人々は、寝ている間に
眼球が旅をする、
だから遠いところの
夢を見るのだ、と
信じている。

北極探検家

ビルジャルムル・ステファンソンは 1921 年、

このように報告した。

「私が、眠っている人たちの中には

少し目を開けていて眼球が見えている人もいる、と

指摘すると、彼らは、そのような人々は、

その時夢を見ていないのだろう、と

主張した。」

ステファンソンはカナダのマニトバ州でアイスランド系の両親のもとに生まれた。彼はハーバード大学で人類学を学び、1906年、カナダの北極圏へと出発した。その後十数年間に、彼は3回の北極遠征を行った。ステファンソンは凍った景観に魅了されていた。著書『心地よい北極──極地での5年間』で、彼は雪に覆われた地面の極地光学的特徴を描写している。「日中の光は取るに足りないものだ。最初は空の高いところにある雲を通して、その後それを包み込んでいる霧を通して差し込む月光は、犬の群れが十分はっきりと見えるか、あるいは100ヤード［約91メートル］ほど先の黒い岩さえ見える光だが、足下の雪の上ではまったく光がないよりも辛うじてましな程度だ。」一面白地に白の世界では、細部が消し去られ、方向感覚を失わせる完全な空白の幻影が創られる。「まるでそこには何もなく、足を上げるたびに何もない空間に足を踏み入れるかのようだ。」ステファンソンは進行方向を示すために、鹿革の手袋を前方に投げるようにしていた。「手袋のひとつを10ヤード［約9メートル］前方に投げてから、3、4ヤード［約2.7～3.7メートル］に近づくまでそれを見詰め続け、それからもうひとつを投げる。そうやって、ほとんど常に前方の雪上に5、6ヤード［約4.6～5.5メートル］の白地を隔てて2つの黒い点が見えているようにしていた。」

このからくりですべての危険が回避されたわけではなかった。「自分の目が役に立たないことを自覚する心の強さを本当に持ち合わせているならば、これはそんなに悪い方法ではないだろう。しかし、人は常に見るための最善の努力をしてしまい、その過労は雪盲として知られる状態を引き起こすのだ。」

雪盲（光による角膜炎、一時的な眼球の損傷）は、太陽の紫外線が雪や氷の光沢に反射して、無防備な目の角膜を焼いてしまったときに起こる。北極圏の人々は木やトナカイの角を彫って、ほんのわずかな光だけを通す細いスリットの入った遮光器を作って雪盲と闘ってきた。丹念にビーズ細工の施された遮光器がシベリアで発見されている──大英博物館が所蔵する19世紀初頭のこのような遮光器のひとつには、トナカイ革のマスクにスリットが施された真鍮の凸「レンズ」が縫い付けられている。着用するときは、柔らかく毛皮で覆われた面を顔に当てたのであろう。

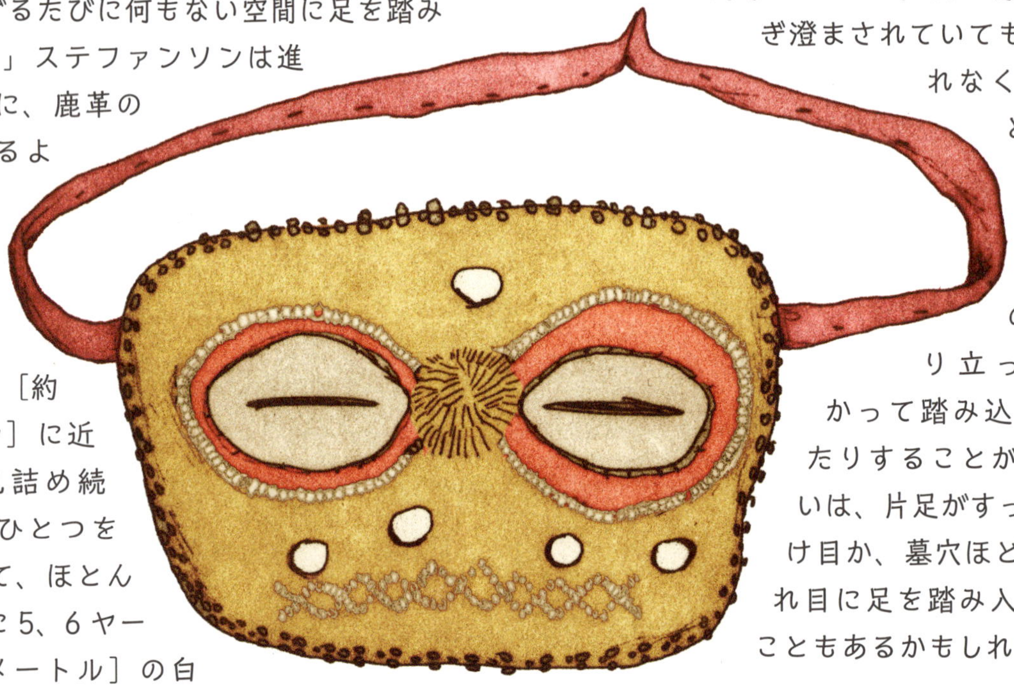

ステファンソンは琥珀色の眼鏡をかけていたが、それでもなお、時折雪盲に苦しんだ──「雪盲は晴天と太陽の明るい日に起こる可能性が最も高いと推論されよう。だがそうではない。最も危険な日は、雲が太陽を隠す程度の厚さだが、いわゆる厚雲空とか薄暗い天気を生み出すほどではない日なのだ。そんなとき、光は非常に均一に拡散されるので、まったくどこにも影が見られない…影のない日、でこぼこの海氷の上では、目の感覚が最も研ぎ澄まされていても、一切前触れなく、ひざ丈ほどの氷の塊につまずいて転んだり、家の壁のように切り立った氷に向かって踏み込んでしまったりすることがある。あるいは、片足がすっぽり入る裂け目か、墓穴ほどの大きな割れ目に足を踏み入れてしまうこともあるかもしれない。」

過酷な寒さ、暗闇の数か月間、食糧不足、ホッキョクグマが襲ってくる脅威、孤独感、極度の疲労、危険な蜃気楼──これらは危険だからこそ誉れ高い北極・南極旅行の武勇談に不可欠の要素であった。最後の北極遠征から戻って間もなく、ビルジャルムル・ステファンソンは次のように書いた。「記憶の限りでは、私の最初の野望はインディアンを殺すためにバッファロー・ビルになることだった。それは私がまだ小さな少年だったころのことだ…（それから）野望は変わり、ロビンソン・クルーソーが理想像になった…20年後、新たな陸地を発見して人類未踏の島々に上陸した時、少年時代に自分の島で世捨て人になることを夢見て空想したスリルを存分に味わった。」

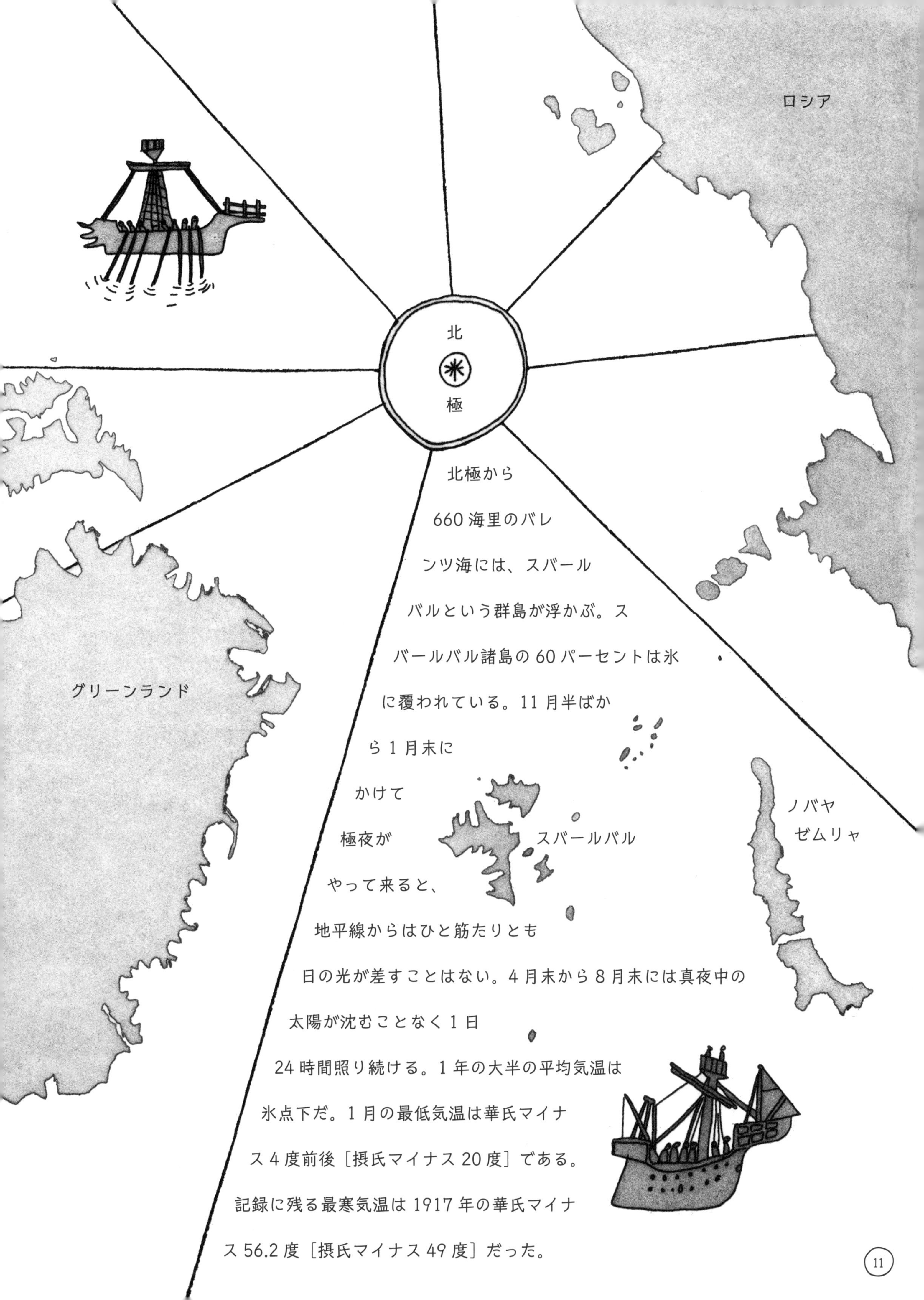

北極から
660海里のバレ
ンツ海には、スバール
バルという群島が浮かぶ。ス
バールバル諸島の60パーセントは氷
に覆われている。11月半ばか
ら1月末に
かけて
極夜が
やって来ると、
地平線からはひと筋たりとも
日の光が差すことはない。4月末から8月末には真夜中の
太陽が沈むことなく1日
24時間照り続ける。1年の大半の平均気温は
氷点下だ。1月の最低気温は華氏マイナ
ス4度前後［摂氏マイナス20度］である。
記録に残る最寒気温は1917年の華氏マイナ
ス56.2度［摂氏マイナス49度］だった。

スバールバルでは、突風に吹かれた粉雪が凍土の上を渦巻く。木も、作物も、耕作地もない。現在スバールバルにはおよそ2000人の人間と3000頭の北極グマが住んでいる。土地は永久凍土層、すなわち年間を通して解けることがない土、に覆われている。表面の薄い、いわゆる活動層は夏の数か月間温まり、そこに小さな花々と丈の低い液果類が育つ。

スバールバル諸島には、12世紀にバイキングが到着したと考えられ、その後すぐに、北ロシアのポモールがそこを狩場にしていたらしく、毛皮やセイウチの牙を故郷に持ち帰っている。しかし、一般的にはオランダの探検家ウィレム・バレンツが、1596年に発見したと考えられている。17、18世紀にはスバールバルは捕鯨場となった。鯨が絶滅寸前まで減少するまで、その拠点はスメーレンブルク（オランダ語で「鯨の脂身の町」）という開拓地にあった。20世紀初頭には工業用石炭鉱業が始まり、これが今日まで島の経済を支える大黒柱となっている。

スバールバルでの暮らしは困難を極める。アルバータ大学のスカンジナビア学教授、イングリッド・ウルベリは、ロンドンを拠点とする英露のモスクワ会社の17世紀の記録を調べた。「捕鯨基地の安全防護対策のため、この会社は死刑囚たちに賃金と自由の両方を約束して、スバールバルで冬を過ごさせようとした。しかし、囚人たちは到着すると、怖くなってその申し出を断り、国に帰してくれと懇願した。スバールバルでホッキョクグマと極寒の気温と壊血病に直面しながら越冬するよりは、死ぬ方がましだったのだ。」

スバールバルでは死人ですら休めない。クリスチャンヌ・リッターというオーストリアの女性は、1930年代にスバールバル諸島を旅し、「最極北で越冬した初めてのヨーロッパ人女性」となった。リッターは1年後にオーストリアに戻って回顧録を執筆し、103歳まで生きた。著作『極夜の女』で、彼女は次のように記していた。「地面は鋼のごとく固く凍り付いていて、私は初めてなぜ冬に（スバールバルで）死者が埋葬できないのか、なぜ猟師たちが、クマやキツネから自らを守るため、亡くなった仲間を冬の間ずっと自分たちと一緒に小屋に置いておくのかを理解した。」

スバールバルに埋葬された棺は、徐々に地表に出てくる。夏の雨が地面に吸収され、それが冬に凍って膨張し、墓を少しずつ地表に押し上げてゆく。何十年も前に、地元の小さな墓地が新たな遺体の受け入れを止めた。知事室の情報担当顧問のリブ・アスタ・オーデガルドによると、「私たちは皮肉っぽく、スバールバルで死ぬのは違法だ、と言っています。ノルウェー政府はここを出生や死去の場所にして欲しくないのです。病院には婦人科医がひとりいますが、彼も毎日勤務しているかどうか、島にいるのかどうかさえ定かではありません。ここには社会福祉体制がまったく整っていないのです。年を取って助けが必要になったら、スバールバルから出てゆかなくてはなりません。」2012年9月、スバールバルの英文週刊誌『アイス・ピープル』は、島民歴80年のアンヌ・メーランドが島から退去するよう圧力をかけられているという話を掲載した。この記事では市会議員ジョン・サンドモの「20人の退職者のせいで、我々は貧困に陥る可能性がある」という言葉を引用している。

こんなところ──生まれるにも死ぬにも寒すぎる場所──に住むのは無意味に思えるかもしれない。

しかし、寒さは生命維持の役割も果たせる。冷凍すれば腐敗と微生物の成育を遅らせ、遠い過去の生命を「正常な」環境で再生可能な状態のまま保存できる。寒さによって、言わば時間からの逸脱が可能なのだ。我々はこの原理を利用し、家庭の冷凍庫に昨晩の残り物を包んで取っておいたり、ウェディング・ケーキのひと切れを結婚から何年も保存したりしているのである。このアイディアが人間の延命に応用できると夢見た人々がいた。アルコル延命財団は、あまたある「投機的生命維持」サービスを提供する会社のひとつである。アルコルは「今日の医学では救えない患者を、未来の医療技術が完全な健康状態に復元できるようになるまで、何十年、何百年も低温で保存して命を救うために、人体冷凍保存術──『人間および動物の低温保存』──を使っている。」

2012年、ロシアの

科学者たちはシベリアの

永久凍土層に保存されていた組織から

3万年前の花を開花させたと報告した。

シベリア北東で、氷河期のリスがスガワラビランジの果実と

種子を巣穴に埋めていたのだ。リスは穴に干し草と動物の毛皮を

敷いていた。この研究報告の著者であるスタニスラフ・グービンによると、

それは「天然の種子バンク」だった。科学者たちは、化石化した果実の組織から、

繊細な5弁の白い花を咲かせることに成功した。

スバールバルのスピッツベルゲン島のロングイェールビーンの居住地域外の砂岩の山腹に、500フィート［約152キロ］ほどの深さのトンネルが掘られている。セメントの入口と斜め上方へ傾斜した壁が冷気の中に突き出て、中の鋼鉄で補強された扉を保護している。入口の向こうには、溝に固まった氷のある波型鋼のトンネルが、もうひとつの施錠された扉へと下る。その扉は教会の身廊が翼廊に交差するように、トンネルに直交している。起伏のある岩壁はスプレー式のコンクリートと含浸プラスティックでコーティングされている。この光輝く白い洞窟に入ると、目の前に3つの扉が現れる。鋼鉄製の中央の扉は、氷の結晶できらめいている。錠前もまた、霜に覆われている。これがスバールバル世界種子保管庫だ。

この保管庫は「種子のフォートノックス」、「終末の日の保管庫」と呼ばれてきた。世界種子保管庫は、世界の農業の多様性の保管施設であり保険証券である。世界中の国々がここに保管するために種子を預けている。地元の種子バンクは、戦争、管理不備、エネルギー不全、経済不安、異常気象、気候変動といった災害に対して脆弱だ。近年、イラク、アフガニスタン、エジプトの種子バンクが破壊や略奪にあった。スバールバルは、農業はおろかほとんどすべての生命体に適さない場所なので、世界の作物を保護するのに理想的な場所となったのだ。

北極の永久凍土層のおかげで、保管庫には華氏21度［摂氏約マイナス6.1度］の室内環境が自然に作られた。追加の機械冷却によって気温は華氏0度［摂氏約マイナス17.8度］まで下げられるが、これはアメリカ農務省のいう、食品が「常に安全」なレベルで、種子の保存に適した温度である。共同で保管庫を運営する3団体──世界作物多様性トラスト、北欧遺伝資源センター、ノルウェー政府──によると、「地球温暖化の最悪のシナリオを仮定しても、種子保管庫の保管室は最長200年にわたって、自然に冷凍され続ける」という。その他に天然の防犯システムも整っている──「スバールバルの保管庫の周囲の地域は、人里離れた厳しい土地で、ホッキョクグマの生息地だ。」

保管庫は、最大容量として2,250億個の種子を保管でき、「持続的農業と食糧安全保障」に貢献する穀物が優先されている。標本は乾燥され、小さな4層の容器に包まれ、密閉された箱の中に保管される。アルメニアの大麦とゴートグラス、オーストリアのエンドウ豆、カナダのクミン、亜麻、野生のライ麦、アルファルファ、ヒマワリ、イスラエルの小麦、ウクライナのレンズ豆、ドイツのニードルグラス、ジャイアント・ヒソップ、トリカブト、ヤロウ、マリーゴールド、猫じゃらし、アカザ、タチアオイ、ハマアカザ、ハルザキヤマガラシ、キンギョソウ、カモミール、アスパラガス、野生のタマネギ、ウガンダのヤエムグラ、ソルガムが保管されている。ケニアのマホガニー、アイルランドのクローバー、パキスタンのカラシとヒヨコ豆、台湾のメロンとアサガオもある。アメリカが預けているものの中には、バジル、ミント、マツヨイグサ、パセリ、チコリー、オクラ、ブラックベリー、梨、西瓜、芝、イチゴツナギがある。韓国のゴマ、ホウレンソウ、カブ、ピーナッツ、トマト、野生のニンジン、ジュズダマもある。その近くの棚には、北朝鮮のトウモロコシと米の種子がある。

2014年現在、世界種子保管庫はおよそ230か国の作物を代表する種子サンプルを保管している。世界種子保管庫の国際諮問委員会議長のケーリー・ファウラーによると、「保管庫には、現存する国々よりも多くの国々からの種がある。」保管庫では、ソビエト連邦、タンガニーカ──現在のタンザニア──が生き続けている。中東の領土紛争が「パレスチナ」のラベルが張られた種子の箱に影響を及ぼすことはない。シリアからは内戦の最中の2012年、大きな貨物が届いた。「ここでは政治的画策を行いません」とファウラーは言う。

1920年まで、スバールバルは国家に属しておらず、いかなる法の支配下にもなかった。第一次世界大戦後のベルサイユでの折衝の際に、スピッツベルゲン条約によりスバールバルがノルウェーの領土となったが、多くの点で本土とは区別されたままであった。スバールバルに住むのに、居住許可も就労許可もビザも一切不要であった。条約は、いかなる調印国の国民も島の天然資源開発と商業活動に従事できることを保証した。非調印国の国民もそれが可能であった。「我々は差別しません」──2007年、法律顧問のハンネ・インゲブリグトセンは、アジア・タイムズ紙に語った。スバールバルは関税規則の支配下にない。買い物は免税だ。2014年、ノルウェー本島における所得税は27パーセントだったが、スバールバルでは僅か8パーセントだった。

この島最大の居住地ロングイェールビーンは、アメリカ人ジョン・マンロー・ロングイヤーの名に因んでいる。ロングイヤーはミシガン州の政治家で、彼の北極石炭会社が1906年に採掘作業を開始したときに、この町を創設した。1世紀を経ても、スバールバルは経済移民にとって魅力的な町である。低税率の一方、単純労働でさえ高給なのだ。今日スバールバルに住む2,000人超の人々は、約44か国から来ている。出身地のリストで地球を1周できる――イラン、ボツワナ、マレーシア、インド、中国、チュニジア、ウルグアイ、ペルー、メキシコ、コロンビア、スロバキア、ボスニア・ヘルツェゴビナ、アゼルバイジャン、フィリピン、ロシア、リトアニア、ハンガリー、オランダ、ドイツ、フランス、イギリス、フィンランド、デンマーク、スウェーデン、アメリカ、アルゼンチン、ブラジル、チリ、ベトナム。ノルウェー人に次いで、タイからの移民が人口の最大部分を占めている。スバールバルは厳しい土地だが、機会を与えてくれる土地なのだ。

ロングイェールビーンはフィヨルドの海岸線の谷底にある。レゴのような色鮮やかな箱型の家々の集合が、白い山を背景におさまっている。居住地には商業街路がひと筋ある。スキーで歩き回る人々や、そりを引く子供たちを見るのはまれであるが、その街路は歩行者用の道路である。トナカイが町をさまよっている。街路を半分ほど行くと、フルイーン・カフェがあり、そこではサンドイッチ、ケーキ、毛糸、ミトン、地元で作られた女性用ドレスが売られている。

タンヨン・スワンボリボーンはフルイーンで働き始めて2年になる。

スワンボリボーンは
長い黒髪の持ち主だ。
彼女は話すとき、顔にかかった
髪を掻き上げて笑う。彼女は43歳で、
平均気温が華氏80度［摂氏約26.7度］台、
最も寒い冬でも華氏60度［摂氏約15.6度］
を下回ることが稀なタイ北部の
ペッチャブーン県出身で、7人兄弟の
2番目である。ペッチャブーン県は湖、
滝、肥沃な土壌のある川谷にある。
そこでは農業が盛んだ。

タンヨン・スワンボリボーンは農場を所有しているが、彼女がスバールバルで
暮らしている間はいとこがその世話をしている。「私の庭にはたくさん果物がある
──マンゴー、多種のバナナ、ココナッツ、スターフルーツ、パパイヤ、スイート・タマリンド、
文旦、それからジャックフルーツ──大きくって、とても甘くて、中が黄色いの。
タケノコもあって、あばら肉と一緒に煮込んでスープにするのよ。」彼女は2008年に
ロングイェールビーンにやってきて、初めて雪を見た。コーヒーショップで働いて、
タイでの収入の5倍を稼いでいる。「ペッチャブーンに小さな養豚場を持ってるの。
帰ったら、大規模な養豚場にするつもりよ。」
彼女は北極で10年間働くつもりである。

スバールバルでのスワンボリボーンの世界は狭く窮屈なものだ。ロングイェールビーンの中心部からの道路は、居住地のすぐ外で行き止まりだ。冬の暗さと寒さ以上に、ホッキョクグマのせいで移動はさらに制限される。この小さな居住域を出る者は皆、銃を携行するよう勧められている。スワンボリボーンはこれらの制約を苦にしない。仕事に集中しているのだ。彼女は言う。「外のことは気にしない。極夜であろうと白夜であろうと、変わりはないわ。太陽が昇ってくるかどうかなんて考えないの。仕事に集中しているから。」休みの日には、彼女は家々の清掃を行う。

スワンボリボーンはスバールバルでの生活について、ひとつ不平を言うことを自分に許している──彼女はノルウェーの食べ物が嫌いなのだ。「ノルウェーの食べ物には栄養がない。」彼女は古典的な北極の食べ物──鯨肉、トナカイ、アザラシ──と聞くと尻込みする。彼女のキッチンには、いろいろなアイスクリームを売るニューヨークの食料品店にあるような巨大な冷凍庫がある。

スワンボリボーンの冷凍庫は、冷凍エビと春巻きの生地とその他タイ料理用の何十もの材料でいっぱいだ。隣の部屋は小さな玄関ホールで、そこには地元の市場で買ってきた鉢植え用の土の袋がある。「夏には、タイのハーブを窓台の上で育てるの」と彼女は言う。種の袋が入ったチャック付ビニール袋を開けて、ソファーのクッションの上に無造作に広げる。コリアンダー、カラシの種、スイートバジル、大豆、朝顔、ディル。家族がタイから種を送ってくれるのだ。これらの植物は屋外で根を下ろすことはありえないが、室内では白夜の下、夜通し光合成をして元気に育つ。「いつでもタイ料理が食べられるのよ」とスワンボリボーンは言う。

スバールバルの住民で島に永住しようと計画している者はほとんどいない。ヘルディス・リーエンは、島の歴史を展示するスバールバル博物館の学芸員である。この博物館は、ひと部屋の博物館で、山々を見渡せるアザラシの毛皮敷きの読書コーナーが付いている。「スバールバルは人々が働きに来るところなのです」とリーエンは言う。「彼らは6年くらいここにとどまります。それからここを去り、故郷に戻るのです。」1930年代にスバールバルで1年間過ごしたオーストリア人女性、クリスチャン・リッターは、慣れ親しんだリズムが中断され、生活が仮死状態の中に存在する所、と表現した。

「ここの浅い夜は奇妙だ。
そこには独特の神聖さが漂う。
波は通常より穏やかに打ち、
鳥たちはよりゆっくり
飛んでいるように見える。夜は昼間の夢のようだ。」

第３章
雨

2010年10月13日の真夜中過ぎ、31歳のフロレンシオ・アヴァロスは2か月以上地下で過ごした後、鋼鉄のカプセルに入れられて、北チリの乾燥した空気の中へ引き上げられた。その夜から翌日にかけて、彼と同じく倒壊したサンホセの銅山に閉じ込められた32人の鉱夫たちが、ひとりずつ、地上に引き上げられた。妻、恋人、子供、親類たちとともにチリ大統領セバスティアン・ピニェラと千人以上の報道関係者たちが、男たちを迎えようと仮設キャンプで待っていた。そこから最も近いコピアポの町では、人々が中央広場に集まり、チリの国歌を歌い踊っていた。車はクラクションを鳴らし、乗っている人たちが窓を開けて旗を振っていた。世界中で、推定10億人のテレビ視聴者たちが救出を見守った。

サンホセ鉱山はチリのアタカマ砂漠に位置する。チリは世界最大の銅産出国だ。銅は2010年の国家収入の20パーセントで、2012年現在、チリの年間国民総生産の15パーセントを占めている。チリの鉱床は、何百万年もの間、地質的、気候的な力の組み合わせ──火山活動と極度の乾燥──により蓄積されたものだ。

科学者たちはアタカマの中心部を「絶対砂漠」と呼ぶ。それは閑散とした美しさを持つ、岩がちな不毛地帯である。日中、移動する光の中で、アタカマの砂は金、橙、緋色に変化する。影の中の景観は青、緑、紫になる。樹木も植物もない荒涼として雄大な空間が火星の景観のように広がっている。実際、NASAはアタカマを赤い惑星の代用として使い、火星などの地球外生命体の探求のために、砂漠の極限状況を研究している。NASAの科学者とカーネギーメロン大学の研究者が設計した惑星探査ロボットは、微生物とバクテリアを精査しながらアタカマの地表を走った。

アタカマ砂漠は、西に海岸山脈、東にアンデス山脈のふたつの山脈の間に横たわっている。いわゆる「雨陰」効果により、アマゾン盆地からの湿気はアタカマの中央部まで到達しない。温暖で湿った空気はアンデス山脈の東斜面で遮られ、山々を越えるころには冷却され、凝縮されるのだ。西からの湿気もまた、アタカマ砂漠の上で凝結して雨を降らせることができない。太平洋の冷たいフンボルト海流が、高度が増すごとに気温が高まる「逆転層」を作っているからだ。この逆転層によって、湿気は海岸の山々を越えて砂漠に入り込めない。

アリゾナ大学の地学の教授、ジュリオ・ベタンクールによると、

それは「冬の雨も夏の雨も到達できないスイート・スポットだ。」

乾燥が喉に忍び込み、唇や皮膚からうるおいを吸い取る。

砂漠の気候パターンは、エルニーニョとラニーニャの年に変化する。エルニーニョ、すなわちエルニーニョ南方振動（ENSO）の暖かい様相が、不規則な数年周期で赤道付近の太平洋に温暖な気温をもたらし、海と大気の相互作用で、一連の気象影響が世界中で次々に起こるのである。エルニーニョ南方振動の冷たい様相はラニーニャとして知られ、冷たい水とともにやってきて、特有の気象変化をもたらす。アタカマ砂漠においては、この変化は雨をもたらし得る。

たとえ少量の雨でも、

砂漠——特にアタカマ砂漠の中心部付近——は

急に活気づく。

地理学者でサンティアゴのカトリック大学アタカマ砂漠センター所長の**ピラル・セレセダ：**「それは通常およそ7、8年ごとに起きる。3、4、5ミリメートルほど雨が降ると、砂漠は花盛りになる。色とりどりの花々でいっぱいの山の斜面や盆地、生態系の多様性、たくさんの昆虫、鳥、動物を目の当たりにする。」

砂漠はこの時のために準備を整えているのだ。

ピラル・セレセダ：「種は土壌の表面で自活している──我々はこれをラテンテ、すなわち休眠状態、と呼んでいる。それから、球根──ブルボス──だ。こういった球根は土壌の奥深くにある。酸素もなく、とても乾燥していて湿度も水もまったくないが、30年間水を待ち続けながら持ちこたえられる。」

そこから7千マイル離れたインド洋のアフリカ東岸沖には、マダガスカル島が浮かぶ。そこでは、アタカマ砂漠の乾燥に負けない勢いで豊かに森が茂っている。この島はおよそ1億5千万年前にアフリカ大陸から分離し、8千8百万年前に現在のインドから分かれた。マダガスカルは孤立して発達した。今日の科学者たちは、この島の動植物の90パーセントは、地球上のその他のどこにも存在しないものと考えている。

爬虫両生類学者のクリストファー・ラクスワーシーは、1985年からマダガスカルで調査を行っている。彼は雨期── 11月から4月の間──にフィールドワークを行っているが、この期間は1年で最も暑い時期でもある。

クリストファー・ラクスワーシー：「この雨と高温の組み合わせが、両生類と爬虫類を探すのにうってつけのタイミングです。この時こそが動物たちが活発な時期なのです。」

百種のキツネザルが島をうろつきまわる。白黒襟のキツネザルは顎を隠すひげを蓄えていて、C・エヴェレット・クープみたいだ。シルキー・シファカ・キツネザルは、小さな異星人のような顔と滑らかな白い毛皮を持っている。ゴールデン・バンブー・キツネザルはタケノコをかじる。社交好きなワオキツネザルは暖と仲間を求めて群れを成す。木から木へと飛び移るキツネザルもいれば、フェンシングの試合で向こう見ずに前進するかのように、肩を揺らしながら地面を横向きに歩くキツネザルもいる。

何千種ものランがマダガスカルでのみ生育する。ヤシを含む百種以上のその他の植物や花々についても同様だ。無数の鳥、蝶、甲虫、トンボ、魚がマダガスカルだけに見られる。

クリストファー・ラクスワーシー：「雨季の始めには、森は非常に乾燥しているように感じられる。すべての葉がパリパリに乾燥する。歩き回ると、小さな葉が足の下で踏みつぶされる音が聞こえる。丸太をひっくり返しても、その下までとても乾燥している。」

「ほとんどの動物は隠れている。活発じゃないんだ。土の中にいるかもしれないし、樹皮の下や木の穴に隠れているのかもしれない。例えばカメレオンのように、寝ているけれども木の上の高いところにいることもある。彼らはいわば夏眠をしていて、

それは冬眠にちょっと似ている。」

「それから雨がやってくる。最初の雨は通常、穏やかな降雨だ。それから少し量が増す。それからさらにもっと増す。森はかなりずぶぬれになり始める。それはスポンジのように、雨水をすべて吸収する。」

「この非常に湿った環境への移行が始まるやいなや、爆発的な繁殖家が現れる。すぐに水たまりに行って、オスがいろいろな呼び声で鳴き始める。メスがみんなその辺りにやってくるカエルもいる。数日で、1年分のすべての繁殖活動が行われる。あたりはカエルだらけになる。」

「足が長くて、よじ登ったり、時には滑ったりもしやすいように足にたくさん水かきのあるカエルの一種がいる。このカエルは普段は緑色で、明るく目立つ。オスには、声を出すとき膨らませるとても大きな鳴嚢(めいのう)がある。彼らは、ほとんどの時間を木の上や木の葉の中で過ごすので、通常姿を見ることはない。しかし、雨期には繁殖のために小川に降りてくる。この時にオスが川岸で合唱し、メスがやってきて生殖活動を行い、水の中に産卵するのが見られる。」

マダガスカルの湿った気候は、激しいサイクロンに揺れることもある。

クリストファー・ラクスワーシー：「川ができて、水かさが上昇し、一時的に池になって、水浸しになる。サイクロンが通過すれば、さらに豪雨になる。」

熱気は上昇する、と我々は常に耳にしてきた。この暖かく湿った空気──あるいは上昇気流──の運動こそが、激しい雷雨を引き起こす大規模な巨大化する積乱雲を形成するのである。暖気が上昇すると、氷点下の温度の雲頂に達して冷やされ、水滴と氷を形成し、次にそれが雲の間を通り、他の水滴と混ざりあって地球の引力に作用される大きさに成長しながら降下し始める。降下する水滴と氷は下降気流を作り出す。荒い気流が氷と水滴を一緒に吹き出し、粉砕して分ける。この摩擦が静電気を作り出す。乱気流により荷電粒子が雲の中で再分配される──軽い正の電荷の氷の結晶と水滴は上昇し、重い負の電荷のグラウペルと呼ばれる「雪あられ」は雲の底方に集まる。雲が流されると、その下にある地表は正の電気を帯びる。電界が十分に強くなれば、この電荷の違いの張力は稲妻により中和される。

稲妻──ジグザグの光の斜線の形で目に見える大気エネルギーの放出──は、時速 140,000 マイル［約 225,308 キロ］で移動可能で、およそ華氏 54,000 度［摂氏約 29,982 度］──太陽の表面の約 5 倍の熱さ──に達する。稲妻がさらに高い温度──華氏 90,000 度［摂氏約 49,982 度］──に達すると推定する人もいる。

バリッ、ピシャリ、ゴロゴロ、ゴーン。雷の音は急速に膨張する熱気の衝撃波だ。

落雷の頻度は熱帯と亜熱帯地域が最も高い。アメリカでは、フロリダが最も影響を受けやすく、いわゆる「稲妻通り」と呼ばれるものがオーランドからタンパの間を通っている。世界で特に落雷の被害を受けやすい地域は、シンガポール、マレーシア、パキスタン、ネパール、インドネシア、アルゼンチン、コロンビア、パラグアイ、ブラジル、ルワンダ、ケニア、ザンビア、ナイジェリア、ガボンなどである。2005 年、NASA の稲妻画像センサーは、コンゴ民主共和国の山村キフカで、落雷の世界一の集中を記録した。

1998 年 10 月、コンゴの東カサイ県、キフカの約 300 マイル［約 483 キロ］南西で、プロによる試合中のサッカー場を稲妻が襲った。1 チームの選手全員が亡くなったが、対戦相手のチームは無傷だった。この悲劇の奇妙に偏った性質のせいで、この稲妻を、超自然による妨害工作ではないかと不審がる者もいた。

人類は古くから、稲妻に象徴的な意味を与えてきた。地域を包み、地元民に多かれ少なかれ一様に影響を与える雪や暑さ、霧と違い、稲妻はターゲット──野外にひとりでいる人、あるいはコンゴのサッカーの試合の場合は多くの人々の中から選んで集まっている数人──を指名するようである。古代ギリシャ人は、神々の王ゼウスが敵たちを落雷で倒すと信じていた。古代スカンジナビアの宇宙論では、激しやすいトールが天国を支配し、蹄から稲妻を発射させるヤギの引く戦車でガラガラと空を横切るとされた。

19 世紀の歴史家でコーネル大学の共同創立者のアンドルー・ディクソン・ホワイトによれば、「奇抜な作戦」が「雷電の悪魔起源に与する有力説」を助長した。13 世紀にハイステルバッハ大修道院のシトー会修道士カエサリウスは、トリーア［現ドイツ西部に位置する都市］からやってきた僧侶の話を詳しく語っている。嵐が猛威を振るうと、この僧侶は教会のベルを鳴らしに行った──これは広く実践されていた稲妻撃退法だった。落雷の攻撃を退けるかわりに、彼が雷に打たれた。カエサリウスによると、人間の「罪が一連の稲妻によって暴かれた。というのも、それは人間の服を破り、体のある部分を奪って、罰せられるべき罪が虚栄心と不貞であることを示したからである。」

ベンジャミン・フランクリンは 1752 年に避雷針を発明した。この単純な技術によって新たな保護が提供されたのだが、当時の宗教指導者の中には、雷の攻撃の針路を変え、神の意思を妨害するという冒涜に憤慨し、教会の尖塔への避雷針設置に反対する者たちもいた。

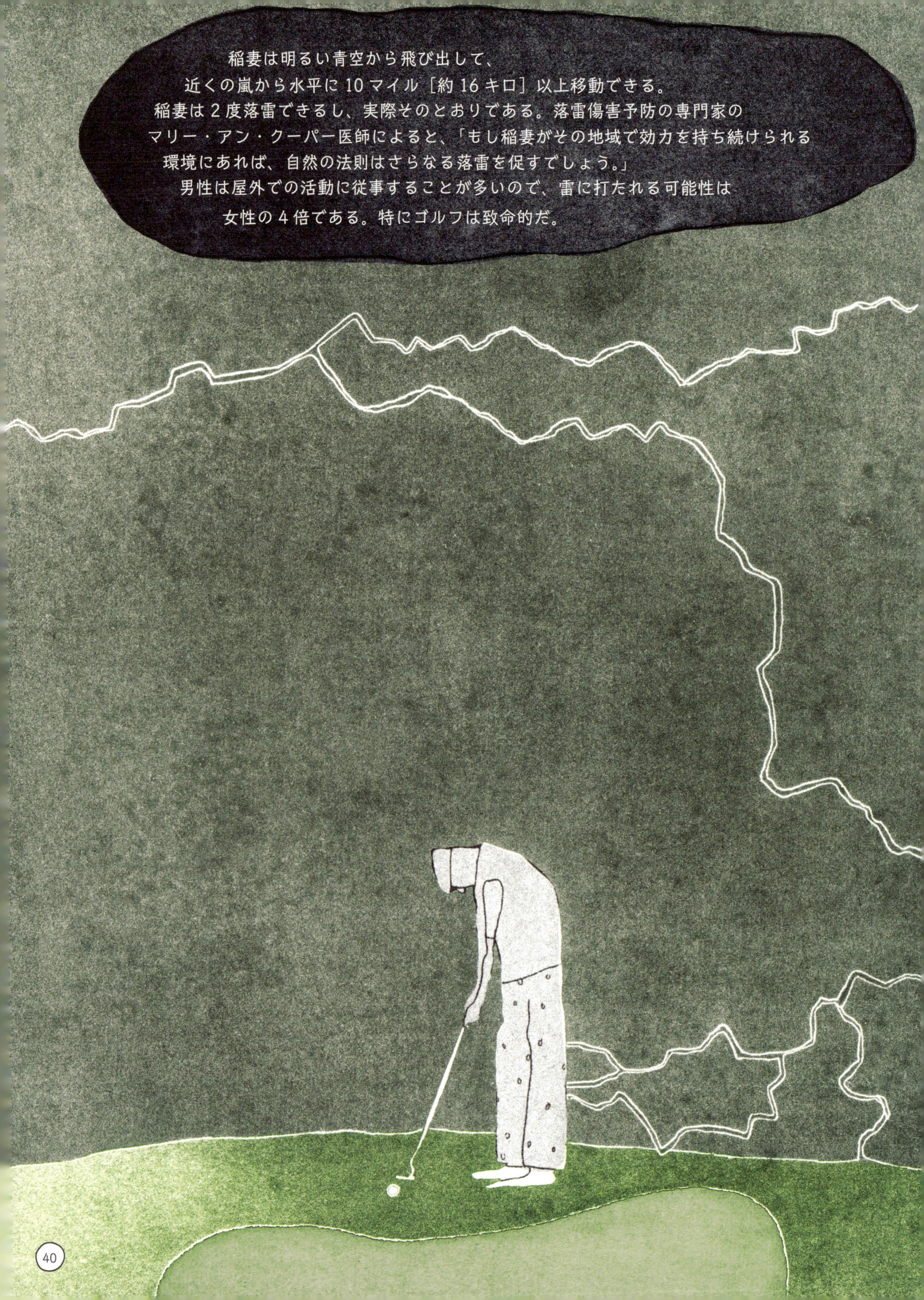
稲妻は明るい青空から飛び出して、
近くの嵐から水平に 10 マイル［約 16 キロ］以上移動できる。
稲妻は 2 度落雷できるし、実際そのとおりである。落雷傷害予防の専門家の
マリー・アン・クーパー医師によると、「もし稲妻がその地域で効力を持ち続けられる
環境にあれば、自然の法則はさらなる落雷を促すでしょう。」
男性は屋外での活動に従事することが多いので、雷に打たれる可能性は
女性の 4 倍である。特にゴルフは致命的だ。

スティーブ・マーシュバーンと妻のジョイスは「国際法人 落雷と電気ショックの生存者たち」の創立者だ。

スティーブ・マーシュバーン：「1969年、私は雷に打たれました。25歳のことでした。それは良く晴れた日でした。私は働いている銀行で、窓口の椅子に座っていました。12マイル［約19キロ］離れたところの嵐から逸れてきた稲妻の1つが、銀行のドライブスルーの窓口のスピーカーに落ちたのです。」

「69年当時、振り込み制度はありませんでした。銀行が小切手を現金に換えていたのです。ですから、銀行の外にまではみ出た2、3の長い列ができていました。銀行の中にいる皆が事の顛末を目撃しました。」

「稲妻は私の背中をまっすぐに進みました。私は椅子の金属の貫の上に足を置いていました。それで、雷が一方の足から出ました。私は反対側の手に金属の出納印を持っていて――預入金の印を押していたのです――雷はその手から出て行ったのです。」

「私は妻のいる家にはもう帰れないのだろうと思いました。翌月に生まれる予定の子供には絶対会えないだろうと思いました。聞くことはできましたが、話すことができませんでした。脳の左側が吹き飛ばされたように感じました。今となっては、焦げていたのだとわかります。頭には激痛がありました。背中はマチェーテ［中南米の刀、なた］で割られてしまったかのようでした。」

雷に打たれた人が、目に見えるような怪我をまったく呈しないこともある。また、肌が「リヒテンベルク図形」と呼ばれる繊細な枝状の網目の入れ墨のような外見になる事例もあるが、これは「電光花」としても知られる、電気エネルギーの通り道を示す繊細な傷である。先進国では、落雷にあった人々のうち90パーセントは生き延びる。残りの10パーセントは、火傷のせいとよく思われているが、そうではなく、心停止によって亡くなるらしい。

マリー・アン・クーパー：「人は雨や汗で濡れることがあります。この水分に何が起きるでしょう？　それは蒸気になります。もし、密閉された靴を履いて――例えばスポーツソックスとナイキを履いて――雨に濡れてソックスが水浸しになったり、ランニングで汗をかいたりした場合、そこには蒸気がたくさんあります。そうすると、水蒸気爆発というものを起こします。水は水蒸気に変わると、体積は500倍になり、靴を吹き飛ばし、内部からそれを爆発させるのです。ソックスは靴の内側で溶けてくっつくでしょう。下着を持って光にかざし、それを引っ張ったりすると、透かして光が見えて、毛羽立ちが見えるでしょう。雷に打たれると、毛羽立ったところはすべて燃え尽き、繊維の条だけになります。独立記念日の花火を衣類に近づけすぎたときに見られるような、小さな焦げ目ができます。」

マーシュバーンの「国際法人 落雷と電気ショックの生存者たち」が刊行した多くの話の中で、生存者たちは雷に打たれた瞬間を描写している。ヒューストン・ロケッツの元副コーチのキャロル・ドーソンは、1990年、ゴルフをしていた時、放電光が彼のクラブを撃った。「私は自分がクリスマスツリーのようにライトアップされるのを感じました。」ドーソンは視力を失った。スティーブン・メルヴィンは「網の上のステーキのようにジュージューいう大きな音、それから明るい閃光」を記憶している。W・J・シチャンスキーは、1945年にテキサス州のミネラル・ウェルズで仲間の下士官とともに落雷にあったとき、「何も見えなかったし、何も聞こえなかった･･･何も感じなかった。」しかし、目撃者は彼らの頭の周りに「火の光背」を見、服が炎上するのを見たと報告した。シチャンスキーは4か月入院し、あとで起きた不調（難聴、関節炎、不眠症）のうちどれが落雷に起因するものなのかを知らない。もうひとりの士官は亡くなった。

電気と熱ショックはそれぞれの体内で特異な道筋をたどる――脳、心臓、その他の器官がすべて影響を受ける。被害者は発作、難聴、失明、胸痛、嘔気、頭痛、精神錯乱、記憶喪失を経験する可能性がある。急激な体重の減少、手のうずき、筋収縮、温度感覚の喪失、極度の喉の渇き、一時的な麻痺状態、そして臨床死の瞬間を描写した患者たちもいた。

スティーブ・マーシュバーン：「特定の症状が現れるまで、通常しばらく時間がかかります。」

南アフリカのプレトリア大学の法病理学者ライアン・ブルーメンタールは、落雷による傷害と爆弾の爆発の衝撃波による傷害を比較している。それは骨折、鼓膜の破裂、ずたずたに引きちぎられた服、金属の装身具や服のファスナーが皮膚の中に溶けて入り込むといった症状だ。また、被害者は、落雷の衝撃で散乱した榴散弾のような破片に突き刺されることもある。

スティーブ・マーシュバーン：「なぜ私が命拾いしたのかはわかりませんが、理由があるのです。たぶん、私のそれは、組織を立ち上げることだったのでしょう。わかりませんけれども。私は嵐の時に神経質になることはありません。稲妻を見るのを楽しみます。本当ですよ。我々のメンバーの中には、稲妻で発作を起こす人たちもいます。石のように固まってしまう人たちもいます。でも多くの人たちは、稲妻を見るのを楽しんでいますよ。私にとっては美しいものです。私が思っていることを申し上げると──それは神による見事な細工物です。」

雷に打たれるのが比較的稀であることは、生存者が、自分が選ばれたのだという特異な感覚にとらわれるかもしれないことを意味する。一種のセレブ──あるいは前座のアトラクション──になったと表現する被害者もいる。フォード自動車の従業員、ギャリー・ジョセフ・ショーは、1994年に雷に打たれた後、デトロイトのメトロポリタン病院の火傷治療室で24日間過ごした。「心臓専門医、精神科医、神経科医、形成外科医が毎日私の様子を見るため派遣されてきた。もっと詳細に調べるため、なぜ私を解剖しなかったのか不思議なくらいだ。私は動物園の見せ物の動物になってしまったんだ。」

ローリー・プロクター - ウィリアムズは、雷に打たれる前、薬物中毒などの問題と闘っていた。彼女は稲妻が彼女の人生を好転させたと信じている。「多くの友人や家族たちはさらなる悲劇的障害物が私の人生にやってきたと感じています…（しかし、）死の顔に触れることで、私は元気づけられました。」

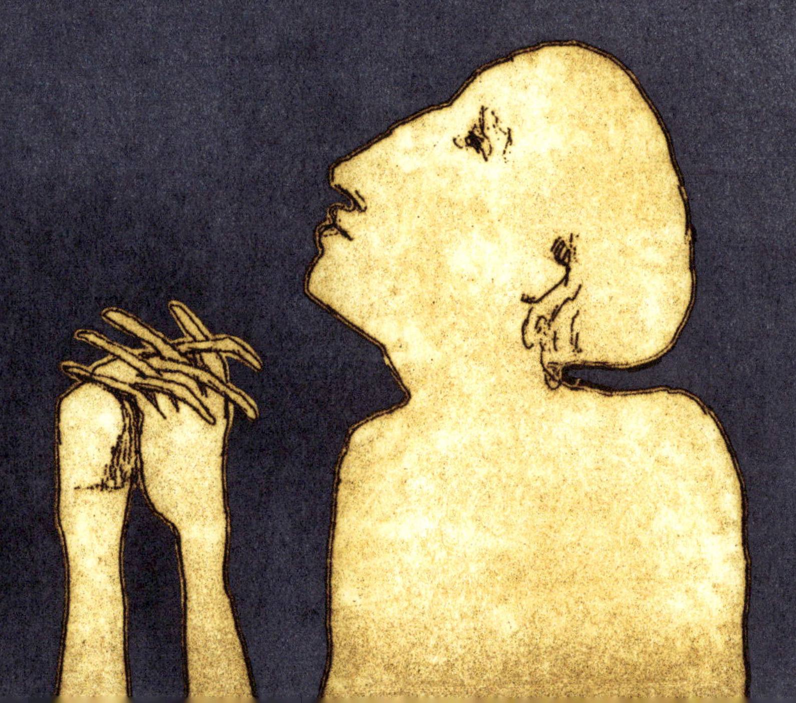

クリストファー・ラクスワーシー：「雨季の終わりにかけて、森が乾燥し始める兆しが見られるようになる。消え始める種もある。コノハカメレオン、ドワーフカメレオン、1年のこの時期には、それらを見るにはもう遅すぎる場所もある。次の年まで待たなくてはならない。彼らは再び地中に引きこもってしまうんだ。乾燥が進むと、より多くの種が再び活動を止めてしまう。」

「メスが生殖活動を行うことはもはやない。池の周りに戻ってみても、たった1、2匹のカエルが動き回っているのが見つかるだけだろう。彼らはまるで消え失せてしまったかのようだ。そして1年の残りの間、昼であろうと夜であろうと森を歩き回っても、居場所の特定が難しい種もある。彼らは森の中へと消えてしまっていて、地中や落ち葉の中で暮らしている種もいる。」

「何も起こらないところで状況はつかめないが、通常は、地中に住むトカゲ、1年を通して活動する幾つかのありきたりの種といった2、3種に限定される。森全体が次の雨季まで睡眠状態に入るんだ。」

第４章
霧

結婚してから2年にも満たない21歳のイギリスのウェールズ公妃ダイアナは、夫のチャールズに同伴してカナダを公式訪問した。旅の11日目、チャールズとダイアナは、ニューファンドランドのイギリス植民地化400周年を記念して同島を訪れた。ダイアナはターコイズ色の羽飾り付きの帽子と、それにぴったりの、幅広の肩パッドからつるされて緩やかに身体を覆うスーツを着ていた。1983年のことだった。

王子夫妻はスクエアダンサーとエリザベス朝様式の服装に身を包んだ俳優たちにもてなされた。チャールズ王子はスピーチを行った。チャールズとダイアナはニューファンドランドの先端──北アメリカの東端のスピア岬──まで旅した。ここは毎日アメリカ大陸でもっとも早く夜明けがやってくるところで、灯台がある。テレビ・ニュースのチームはこのシーンをとらえるために待機していたが、カメラが明瞭な画像をとらえることはほとんどなかった。

ゲリー・カントウェルは当時灯台守で、彼の家族がこの仕事に就いてから6代目だった。「チャールズとダイアナがそこに到着する午前11頃までには、目の前にある自分の手が霧で本当に見えなくなっていた。」

王子がスピア岬で霧に迷ったのは、これが初めてではなかった。

ゲリー・カントウェル：「それは1845年に起こった。オランダの王子が国賓としてここを訪れたときだった。もちろんニューファンドランドに到達する唯一の交通手段は船だ。皆が美しい服で着飾って突っ立っていた。王子がいない。霧は深く、その時スピア岬沖もそうだった――王子の船の船長は、入港するセントジョン港がどこかまったくわからなかった。だから彼らは王子を探すために港の水先案内人を総動員した。というのも、彼らは王子が霧の向こうにいることを知っていたからだ。」

「私の高曽祖父の父（ひいひいひいじいさん）ジェームズ・カントウェルは、船長で水先案内人だった。彼は長艇を持っていて、それを漕ぐ乗組員たちもいた。水先案内人たちは、霧の中を出入りして、セントジョン港の入口がある絶壁の窪みを見つけるのにも慣れていた。船が迷子になると、彼らはその船を見つけるまで漕ぎまくり、それを連れてきた人がその船業者からお金をもらえるんだ。ね、彼らはこうやって稼いだんだよ。」

「まさにそれがジェームズ・カントウェルのしたことだった。彼は出かけてゆき、王子のボートを見つけ、それに乗った。彼は船の舵を握り、霧にすっぽりと包まれた中を、やすやすとセントジョン港に到着させた。とても霧が深くて、船首も見えなかった。」

「セントジョン港に入港すると、快晴だった。これはしょっちゅう起こることで、沖に出ると寒くて霧がかかっていても、町の中は暖かくて太陽が照っているんだ。」

「我々がいるのはイングランドの辺境だ。特別な来賓が島にやってくると、彼はこれだと思った人物の願いをかなえることがある。」

「王子はジェームズ・カントウェルに、何が望みかとお尋ねになった。というのも、この人物が港の入口を見つけたことにいたく驚いていらしたからだ。だって、王子の船の船長ですら、どこか分らなかったんだから。『英雄的偉業の礼だ。そなたの望みは何か？』」

「その時、スピア岬では灯台を建設中だった。そこでジェームズ・カントウェルは言った。『もしスピア岬の仕事がまだ公表されていなければ、私は灯台守、灯の番人になることを希望します。』」

「このことは書き留められた。そして1846年、彼はスピア岬の仕事を獲得した。望みが叶えられたのだ。」

霧は地表付近の雲だ。大気の湿気が小さな水滴や氷の結晶に凝結し、地球の表面を覆う。霧はさまざまな状況で発生する。サンフランシスコの「移流霧」は、暖かく、湿った空気が冷たい海水の上を吹くときに生じる。「放射霧」は通常、一夜のうちに形成される──昼間の日光を吸収した地面がその熱を上方へ放射する。地面が冷たくなると、その上の静止した湿った空気も冷やされ、凝結して霧になる。カリフォルニアのセントラル・バレーの冬の霧は放射霧である。湿った空気が吹き上がれば、上昇するにつれて霧点まで冷やされ、霧は山全体に形成される。それは「滑昇霧」と呼ばれ、例えばロッキー山脈の東斜面に見られる。

ロンドンの悪名高い「えんどう豆スープ」霧の間は、家庭の石炭の発火と工場から排出される煤煙が、強い東風による湿った空気と結びついて、何日もとどまる濃霧を発生させる。1889年のニューヨーク・タイムズの記事はその影響をこう描写した。「『えんどう豆スープ』霧として知られる黄色い複合物がロンドンに降りると、昼が夜より暗くなる。すべての交通は阻まれ、目印になる建造物は完全に消し去られ、ブラウニング夫人が言うように、『スポンジでロンドンが拭き消されたかのよう』に見える。街はゴーストタウンと化す。人々は巨大な幻影のように動き回り、すべての音が弱まり、くぐもった気味の悪い音になる・・・霧は見えるけれども、それ以外は、実際にほとんど何も見えない。その湿ってじっとりとした感触を覚え、不浄な匂いを嗅ぎ、味わえるくらいに濃厚だ。どんなにしっかり身体を包んでも、それから離れられない。首からこっそり忍び込むのだ。」

えんどう豆スープの霧が降りると、犯罪が急増した。1959年にタイムズ紙はこのように記した。「霧は泥棒がロンドンのデパートから大儲けするのに一役買った。昨夜遅く視界ゼロの中、彼らは2つの金庫を開けて、推定20,000ポンド（56,000ドル）を盗んで逃走した。」視界不良の中、トラックがテームズ河に突っ込んだことは知られていた。列車が人々や自動車、他の列車に衝突した。ある時は、飛行機が滑走路を越えて着陸し、爆発した（「衝突から火災までの間、レスキュー隊員は飛行機の残骸の場所を特定できなかった」）。霧の日には、救急車には徒歩の案内人が付き添わねばならかった。学校は閉鎖された。葬列が散り散りになって行方不明となる事態は1件にとどまらなかった。室内ですら、視界は数フィート［1メートル程度］にまで縮まった。芝居の観客は、舞台の俳優が見えなかった。

1952年12月上旬に急激な寒波が襲来して高気圧帯がロンドン上空を移動したとき、暖気がその下の冷気を止めた。寒さと闘うため、人々はどんどん石炭を焚き、さらに大気を汚染させた。ほとんど無風状態の中、スモッグは濃くなり、低地の町に留まった。何千人もが亡くなったが、その大半が、汚染した空気で呼吸器疾患が悪化した幼い子供と老人であった。

4年後、イギリス議会は1956年、大気汚染防止法を可決した。2つ目の反公害法は1968年に批准された。「えんどう豆スープ」霧は終わり、ロンドンの歴史と言い伝えになった。現在それは他の都市──北京、上海、テヘラン、ニューデリー、ロサンゼルス──に存在する。天候と地形と汚染が併さって、濃く汚れた空気で景観を覆っている。

ニューファンドランドの霧は、都市のスモッグの強力さに負けないくらいきれいで新鮮に感じられる。この霧は2つの海流が合流して生じている。ラブラドル海流から離れた冷気がメキシコ湾海流の湿った暖気を冷やし、小さな霧の滴に凝結させている。

ゲリー・カントウェル：「それは日よけのブラインドのようには降りないが、それにかなり近い。」

ポール・バワリング

はカナダ沿岸警備隊の航行援助設備監督だ。

「船舶係留中は霧の細いたなびきが海面上に昇って来るのが見えます。

それが陸に向かって動くのを目で追うことができます。それはまさに、すべてを覆って中に閉じ込めます。」

デイビット・ファウラー船長はカナダ沿岸警備隊の船、テリー・フォックスの艦長だ。
「気温が下がると、我々は『計器航行』のモードに
切り替える。」

デイビット・ファウラー船長：「霧の中では、我々は緊張する。
感覚を研ぎ澄ませるのだ。待機し、注視する。」

ポール・バワリング：

「しばらくすると、

イライラして

自分を疑い

始めます。」

デイビット・ファウラー船長：「去年の夏、霧がひどいときに、我々は沿岸の光と氷山を探しながら航行していた。私は思った。『おい、見ろ！　あそこに光が見えるぞ。ほかに誰か見える者はいないか？』見えない。誰ひとりそれを見なかった。私はそれが見えると思ったが、見えない。レーダーの海図を見て、わかった。あっ、それは3マイル［約4.8キロ］離れていて、視界は半マイル［約0.8キロ］以下だ。見えるわけがない。レーダーなしで航海していたやつらの気が知れない。ただ手探りで進んでいたんだ。

何日も何も見えなかったのかもしれない。

彼らは波の砕ける音を聞いていたんだ。

誰かの叫び声とか、

岸辺の馬のいななきを聞いていたんだ。」

ゲリー・カントウェル：「ずっとそこに住んでいて、その土地のことをよく知っている人たちにさえ――

霧は地表面を覆いつくし、目印が皆無になる。突然、あの方向に行かなきゃ！

と言うけれど、いつも間違った方向に行ってしまう。それで、結局円を描いて歩く羽目になる。

それに、円を描いて歩くと、とたんに迷子になるんだ。そうでしょう？

完全に迷子になる。それが霧なんだ。霧は人の方向感覚をなくし、煙に巻く。」

1850年に蒸気船「アークティック号」が初航海に出たとき、ニューヨーク・タイムズ紙にある記事が登場した。「海洋のいかなる新たな驚異に感嘆して有頂天になっても今更仕方がない・・・アークティック号は『水上の宮殿』で、それに尽きるが、すでに周知のことだ。現在水に浮かんでいる最強の男は当然宮殿育ちに違いないし、さもなくば、彼は不満だろう。」それでも、タイムズ紙はアークティック号が最新のエンジン・テクノロジーと、強化留め具と鋲の精巧なシステムを備えていると記している。アメリカ海運業の大物、エドワード・ナイト・コリンズは「史上最強の船」を作ってきたが、中でもアークティック号は最高の船と見做された。それは「水上最速の蒸気機関」とも言われた。タイタニック号の60年前、アークティック号の豪華さは感動的だった──船全体のスチーム暖房、優雅なダイニング・ホール、女性用サロン、男性用喫煙室、すべてが大理石、鏡、金箔で飾られていた。アークティック号に普通客室はなかった。

1854年9月20日、アークティック号はリバプールを出航し、ニューヨークに向かった。素早く9日間で旅程を終える予定だった。1週間後の27日木曜日、アークティック号はスピア岬を北方に、レース岬を約60マイル［約97キロ］南西に見ながら、ニューファンドランド沖のグランド・バンクスを航行していた。それは正午だった。すぐに昼食を知らせる銅鑼の音が響くはずだった。ピーター・マッケーブは、昼食を用意するダブリン出身の24歳のウェイターだった。「私は二等船室から、食卓に置くグラスを持って上がってくるところでした・・・私が階段を上っているとき、衝突が起きました。」

フランシス・ドリアンはアークティック号の三等航海士だった。「私がはじめに聞いたのは、『面舵いっぱい！』という叫び声だった。それで、何か問題が起きたのだと悟った。」

アークティック号はSSヴェスタ号というフランスの鋼鉄のスクリュー船と衝突したのだ。霧の中で、手遅れになるまでお互いの船影が見えなかったのである。

フランシス・ドリアン：「私は甲板に行き、2艘の船の間隔が約7ヤード［約6.4メートル］あることに気付いた。私はアークティック号が舵の力に屈服することを全面的に期待しながら、眺めていた。相手の船が揚錨架に並行にぶつかっていた。」

ジェームズ・スミスは一等船客だった。「私は自分の客室から出ました。」

ピーター・マッケーブ：「船の側面が引き裂かれ、水が大量に流れ込んで、エンジンの台板を覆いました。」

ジェームズ・スミス：「私はルース船長が外輪覆いの上であれこれ指示しているのを見ました。大部分の航海士と船員たちが甲板の上をあちこち走り回り、明らかに警戒態勢に入っていましたが、何をすべきか、特に何にエネルギーを注ぐべきかがわかっていないようでした。」

フランシス・ドリアン：「船上の皆が完全に熱狂状態にあった。」

アークティック号の乗員数に足りる6艘の救命ボートがあった。最初のボートが損傷を調査する乗務員を乗せておろされた。それは霧の中に消えていった。

ジェームズ・スミス：「女性と子供が不安と事態を気にかける表情で甲板に集まり始めたが、希望も安心も得られなかった。夫婦、父娘、兄妹が抱き合いながら泣いたり、共に跪いて全能の神に助けを求めたりしていた。」

ピーター・マッケーブ：「私は・・・4人の男たちがアークティック号の外輪の下のプロペラから落ちるのを見ました。彼らは救助されず、その後どうなったのかは全く耳にしませんでした。」

船舶技師と航海士たちの大半がアークティック号の5艘の救命ボートのうちの4艘でこっそりと去った後、人々は残ったボートに殺到した。そんな努力は無駄だと考え、応急のいかだにするために船のドアや厚板を引きはがし始める者もいた。乗客たちは最後の時とばかりに酒を飲み下して、女性に突進した。飛び込む者や、海に落ちる者もいた。

ジェームズ・スミス：「船尾から船は沈み始めた・・・沈んでいくとき、船尾から船首の船室を満たす水のゴボゴボ、ザーザーという音が聞こえた。たくさんの人々が甲板に残ったまま船の姿が消えるまで、30秒から1分くらいだったと思う。」

ジョージ・H・バーンズは貨物輸送会社アダムズ・エクスプレスの速達配達人だった。「私は狂ったような叫び声を聞いたが、それはまだ耳の中で鳴っています。それからアークティック号と苦闘する集団が急速に水に飲み込まれるのが見えました。」

アークティック号の炉の機関員の兄弟、

ジェームズ・カーネガン：「船が沈んで 10 分後、

不運な船が沈没した場所に救命ボートが

近付いた。

しかし、救命具を身に着けた

数人の女性たちの遺体以外

何も見つからなかった。」

航海士の給仕トーマス・スティンソン：

「服装から、女給仕長だと

はっきりと

わかりました。」

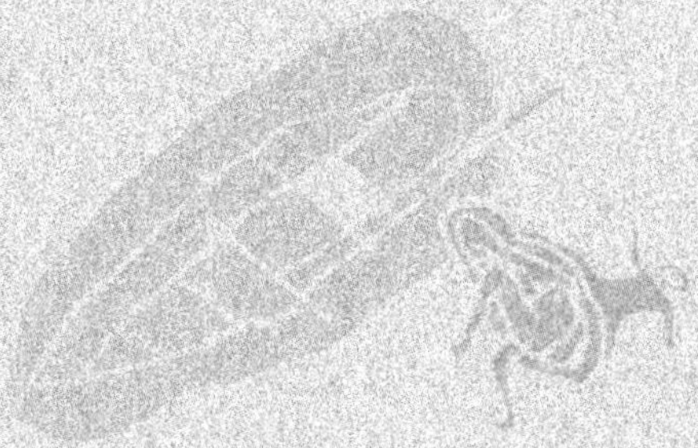

アークティック号の 408 人の乗員乗客のうち、

生き残ったのはたった 86 人だった。

最近の7月のある日、スピア岬は霧に覆われた。56秒おきに霧笛が悲しげに長く低く鳴り、その音はその後空中をしばらく舞った。その場所を知らなければ、ギザギザの断崖が大西洋に剝がれ落ちるところも、来た道がどこに行ってしまったのかも、まったくわからないだろう。視界も景観も一切何も見えない──区別できない柔らかく湿った白さ。霧の濃さは少しの間薄まって、ぼやけた形が現れるかもしれないが、それから再び霧に包まれる。仮に姿が見えても、スピア岬の建物──19世紀の灯台と1950年代のライトタワー──はほんのかすかな幽霊のようなシルエットにまで消し去られる。すぐ足元の地面だけがはっきり見える。そこには、丈の長い緑の草があちこちにうねり、露に濡れた野生の花々の茎──クローバー、アイリス、キンポウゲ、色あせたタンポポの種のついた綿毛──にはアワフキムシが泡状の巣を作っていた。

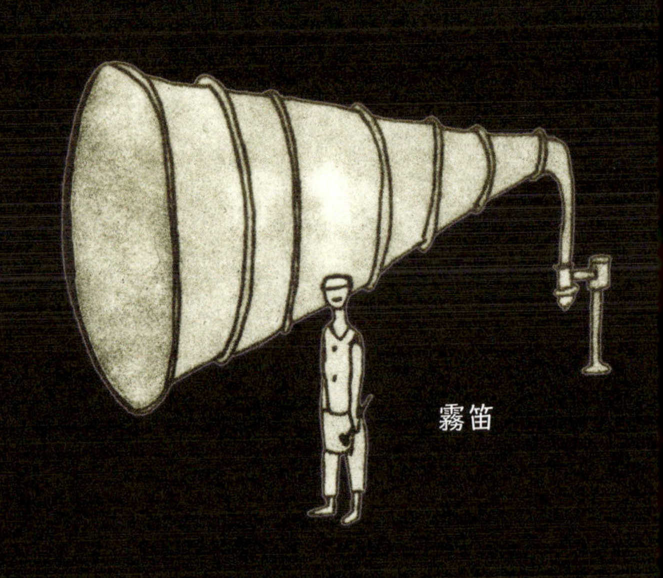
霧笛

筒形の
灯芯をもつ
アルガン灯

晴れた日には、スピア岬からは大洋を見渡すことができ、北へ振り向けば一番近い陸地──グリーンランドのウマナルスアク──が見える。潮を吹き、水面に浮上し、滑らかでゆったりとした弧を描きながら水中に戻る鯨を眺めることができる。北西にはセントジョン港が2つの傾斜した丘の後ろのV字型に収まっているのが見える。北アメリカの最東端には、かつては目印があったが、吹き飛ばされてしまい、新しいものはまだ設置されていない。

航海補助器具──ブイ、霧笛、灯台設備──は長い間、危険信号を送り、船乗りたちが自分たちの位置を特定して正しい航路へと導く手助けをしてきた。

スピア岬の最初の灯は中古だった。それは、1836年にスコットランドのフォース湾にある島で、かつて伝染病と梅毒患者の隔離所だったインチキースから来たものだった。灯は7つの燃焼器から成っていた──燃料（マッコウクジラかアザラシの油）に浮かぶ綿の芯、光背のような炎を囲い、光を反射して空間に突き出る集中ビームに集めるつややかな銅張りのパラボラ・ディスク。円形の固定金具に設置されたバーナーは、回転してスピア岬特有の光のパターン──点灯17秒の後、消灯43秒間──を創り出す。船員たちはフラッシュを数え、無点灯の時間を測り、灯台を特定することで、自分たちの場所を測定できた。

ゲリー・カントウェル：「これはニューファンドランド最古の灯台（ライトハウス）だ。つまり、本当のライトハウス、すなわち、灯と、人々が住む家があり、人が生まれ、亡くなった場所だ。だから、ライトハウスと呼ばれるんだ。そこには独自の人生があり、心があり、灯がその中心にある。まさに鼓動しているんだよ。」

1930年、スピア岬に電気が引かれ、灯は、灯台守が家族とともに住んでいたもとのライトハウスから、近くの、もはや住み込みの係員による不断の注意を必要としない自動式メカニズムの塔に移された。

今日の塔のライトは、3つの「ブルズアイ（牛の目）」レンズのついたエメラルド・グリーンのプリズム・ガラスだ。それは巨大なアメリカンフットボールのような形で、灯台（ライトタワー）の最上部の灯火室に納まっている。その光線は最大およそ20マイル先からも見える。現在のその特有のパターンは15秒間に3回のフラッシュだ。1、2、3、フラッシュ。1、2、3、フラッシュ。1、2、3、4、5、6、7、8、9、フラッシュ。

もとの灯台（ライトハウス）は博物館として保存され、1839年当時の外観に復元された。主寝室は白いキルトと青色の模様のついた壁紙で内装されている。サイドテーブルには、ロひげ用のカーラーが置かれている。

ゲリー・カントウェル：

「霧笛はゆっくりと死に近づいているんだよ。」

デイビット・ファウラー船長：「霧笛と灯台は、現代の船員には必要のないテクノロジーだ。小さな船――漁船や娯楽船――の船員の中には、灯台と霧笛を使いたがる者もいる。目的地に向かうために、彼らはライトを見ている。でも、今日のプロの船員にとって、それらは余分なテクノロジーだ。」

デイビット・
ファウラー船長：「霧を突然抜け出すことがある。霧が深くて、それからバーンと、ベルの音のようにはっきり。後ろを振り返ると、壁のように見える。今、我々は正しいことをしていて、正しい方向に向かっている。ゆっくり進んでいれば、速度を上げられる。コーヒーメーカーのところに行ってコーヒーを淹れて、椅子に座って窓から眺めながら、また人生を楽しめる。」

ゲリー・カントウェル：「光り輝く青色の水。とてつもなくきれいな青色。素晴らしく晴れた日なら、水が実際どれだけ青いか、どれだけ澄んでいるかに気づけるし、空気を吸い込めば、それに酔いしれる。そのくらいきれいで澄んでいるんだ。」

ポール・パワリング：「実際に見渡して、起きていることを見られれば、大きな安心になります。また霧に包まれてしまう前にね。」

第 5 章
風

「フロリダの
キーズ
と
アフリカの間には、
何
も
ない。」

「ただ
大海原
が
ある
だけ。」

2010年9月、60歳の遠泳選手ダイアナ・ナイアッドは、キューバからフロリダまで泳ごうとしていた。彼女は3日3晩寝ずに連続で泳ぐ計画を立てた。吐き気やぜんそくの発作、クラゲの毒針、サメとの遭遇に耐える必要があった（ナイアッドは1978年の自伝に「私は痛みにはまったく恐怖を感じない」と記した）。ナイアッドは重量挙げ、自転車、ランニング、そしてついに10時間、15時間、24時間の海洋水泳でも鍛えられていた。正式なビザを確保し、専門のアドバイザーのサポート・チームも集めた。そして今、彼女は適切な気象条件を待っていた。

ダイアナ・ナイアッド：「私たちは東風にひどくイラついていました。止む気配がないのです。キューバからの遠泳では、風なし──こうなれば素晴らしい──か、南風か、西風も受ける。けれども、東風は致命的です。90日間連続で、強風ではないものの、安定した南風が吹いていました。そこにいたウィットブレッド世界一周ヨットレースの乗組員で世界の海洋に精通した女性が、私たち──私のヘッド・コーチと私──をキーウェストの大西洋側の波止場に連れて行って言いました。『舌を空気にさらしてごらんなさい。』それで、私たち3人は風の中に舌をぶら下げて立っていました。すると彼女が言いました。『何を感じる？』私たちは間違いなく、口の中にざらざら、ジャリジャリした何かを感じました。それで『あ、塩だわ』と言いました。すると彼女は言いました。『いいえ、これはサハラの塵よ。』本当に、サハラ砂漠の砂粒だったのです。」

夏季、通常6月と7月には、サハラ砂漠の砂が大西洋のずっと向こう側のアフリカからフロリダに吹いてきて、昼の空はかすみ、鮮やかな赤い夕焼けになる。

風は地表の大気の水平方向の動きだ。地球規模で、太陽の暖かさと地球の自転が「貿易風」として知られる「卓越偏西風」、「極偏東風」のパターンを創り出す。この風のリボンが、各地の気候を和らげ、ジェット機を進ませるのだ。

太陽光線は、極地よりも赤道に直接多く降り注ぐので、大気を不均一に温める。この気温の違いが大量の大気を上昇・下降させ、押したり、かき混ぜたりする。暖気は上昇して、極地に向かう。冷気は下方に潜る。その間ずっと地球は自転し、その球体の周りの見えない帯の中に風を包み込んでいる。また、当然ながら、突風、強風、ハリケーン、台風のような比較的小規模に生じる風もあるが、それは空気の流れが季節毎の温度変化と地形──山や谷、建物や森の存在、水域と陸の熱の吸収と放射の仕方の違い──に影響されるからだ。

風は場所の性格を形作る。ピーター・アクロイドは記している。「ベネチア人の官能的で怠惰な傾向は、南東からやってきて3、4日続く暖かい風、シロッコのせいだ。それは市民に消極性ばかりか優柔不断ささえも植え付けたと言われてきた。」

レイモンド・チャンドラーは短編小説の中で、カリフォルニアの山火事を起こす風の影響を描いた。「山間の小道を吹きおろし、髪の毛をかきみだし、神経をいらだたせ、肌をむずつかせる、あのサンタ・アナ特有のかわいた暑い風だった。こんな晩には、どんな酒宴もきまって腕力沙汰におわるものだ。おとなしい細君たちも肉切り包丁の刃をためしながら亭主連中の首筋をためつすがめつする。」

「フェーンクランクハイト」は、フェーン風──中欧で悪名高い斜面を吹き降りる風──に関係のある病だ。フェーン風は頭痛、不眠症、不快感を引き起こすとされ、自殺や殺人を増加させるとまで言われる。スイスの裁判官は、フェーンの間に起こった犯罪については、風を減刑要素として考慮することが知られている。ヘルマン・ヘッセは、1904年の小説『ペーター・カーメンチント』で、スイス人の主人公の言葉として「昼夜、フェーン風がうなる音、遠くの雪崩が砕ける音、がれきと割れた木を運んできて狭い土地と果樹園に浴びせる激流の轟音が聞こえる。フェーンの熱のせいで私は眠れない。毎夜、私は嵐がうなる音、雪崩の轟音、湖の荒れ狂った水が岸に叩きつけられる音を、心奪われ、恐怖しながら聞いた。この熱狂的な春の闘いの間、私はもう一度、古い恋の病にやられた。今回は、夜に起きて、窓から身を乗り出し、嵐の中にエリザベスへの愛の言葉を大声で叫ぶほど衝動的なものだった･･･しばしば、美しい女性がすぐ近くに立ち、私に微笑みかけるが、私が彼女の方向に歩み寄るたびに、引き下がっていくように感じられた･･･私は伝染病患者のように、痛痒い箇所を掻(か)きむしらずにはいられなかった。自分を恥じたが、それが無駄なだけに苦痛をもたらした。私はフェーンを呪った。」

2つの世界的な風道である北東貿易風と南東貿易風は、赤道付近の不安定な気候の土俵で対決する。季節によって変化するこの地域は、熱帯収束帯として、あるいは、その致命的に静止した空気の中で立ち往生する船乗りたちの間では、無風帯として知られている。熱帯収束帯の高温多湿の空気は上昇するが、必ずしも水平方向に移動するとは限らない。その結果が激しい雷雨と雲量であるが、ほとんど風がない状態もある。「無風帯」という用語は熱帯収束帯の先の風のない地域を指す言葉としても使われてきた。このような条件は船乗りたちを苛立たせるが、開放水域で泳ぐ人にとっては恩恵そのものだ。

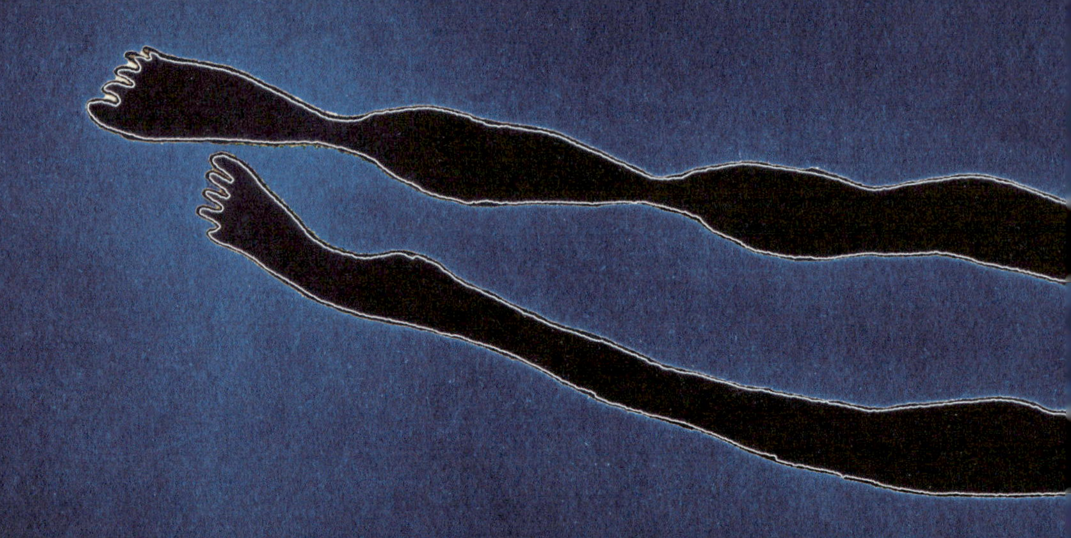

ダイアナ・ナイアッド：「『無風帯』こそ、我々が望むものです。そよ風すらない状態。漁師や船乗りにとって、微風とは15ノットで、もちろん大したことはありません。泳ぐ人にとっては、想像してみてくださいよ、顔が水面上にあって、1分間に60回、酸素を取り入れるために頭を回転させる。唇はまさに水面のところにあり、6インチの高さの波だって、悩みの種なのです。」

「2フィートの高さの波でも、ボートでガンガン動き回っている人にとってはとても低い波と見做されます。しかし、2フィートというのは私の腕がまったく届かない高さです。だから、突然、私は圧力をかけて押し進み、頭を上げなくてはならなくなります。一方、無風帯はガラスのようなものです。手を水に入れれば、勢いよく放たれ、水面に沿って流れていけます。まるで、水中に力が働いていて、それが水面を強く引いて平らに保ち、波を抑えているかのようです。」

ダイアナが子供の頃、
「賭（か）け事と嘘（うそ）と盗み」で生計を立てていたハンサムで機知に
富んだ変わり者のギリシャ人の継父、アリストートル・ナイアッドが、
彼女に『オデュッセイ』の中の話を読み聞かせ、遠洋漁業に連れ出した。
彼女は2005年、ニューズウィーク誌に彼について書いた。

「私が 5、6 歳だったある夜、アリストートルが大部（たいぶ）な大辞典を開いて私を呼んだ。彼は N のページまでパラパラとめくり、「naiad（ナイアッド）」という言葉を指さした。私の名前があった（幾世代か前に、アリストートルの家族が Nyad（ナイアッド）に変えたのだ）。ナイアッドの第 1 義：『ギリシャ神話に由来。神々のために湖、泉、川、海を守り、そこで泳ぐニンフたち。』第 2 義:『少女あるいは女性の水泳チャンピオン。』アリストートルは私にウインクし、ふたりともそれが私の運命であることを知った。」

『オデュッセイ』では、風の番人アイオロスが、何年もの海での試練と冒険の後、オデッセウスに「すべての方角から吹く風」の入った雄牛革の袋を授け、彼のために好都合な西風を吹かせる。岸が見え、アイオロスの贈り物は、オデッセウスと彼の乗組員を故郷に運び届ける直前だった。オデッセウスは言った。「もう近いところまで来た。火の番をしている男たちが見えた。」疲れと安心から、オデッセウスは眠り込んでしまう。落ち着きのない水夫たちが革袋をじろじろ見ながらそのまわりをうろつく。彼らは、中に金銀の宝物が隠されているに違いない、不当にも船長だけが享受する富なのだ、と想像する。そこで、船長が寝ている間に、彼らは袋をあさる。「命取りの企らみだった･･･ すべての風が吹き出した。」

大気は乱れて獰猛な嵐となり、男たちを海へ戻し、アイオロスの島に帰した。オデッセウスは順風をもう一度と懇願したが、アイオロスは許さなかった。「私の島から離れろ。直ちに。この世で最もいまいましい男よ！･･･ こうやって戻ってくるとは、神々に嫌われている証拠だ！　出てゆけ──消え失せろ！」このへまのせいで、オデッセウスの旅は 10 年ほど長引く。

すべての
ムスリムには
イスラームの
五行を果たす
義務があり、
ハッジと呼ばれる
マッカ巡礼を
少なくとも
生涯に１度
行わなくてはならない。

ムスリムは預言者ムハンマドが歩んだとされる足跡を踏襲し、7世紀からこの旅を行ってきた。かつては、マッカに到達するのに大変な努力を要し、何か月も、時には何年もかかり、ついぞ故郷に戻らなかった者もいた。今日、3百万人以上の巡礼者の大半は、マッカの大モスクから車で1時間ほどのサウジアラビアのジェッダにあるキング・アブドゥルアジーズ国際空港のハッジ専用ターミナルに空路で到着する。大モスクの室内外の空間を合わせると、中央の聖域のある中庭を中央に90エーカー［約36.4ヘクタール］を占める。その露天の広場の中央には、イスラーム最大の聖地であるカァバ神殿が立っている。世界中のムスリムが、礼拝時にこのカァバ神殿の方向に向かう。カァバは、黒石として知られる聖遺物のある立方体形の建物である。黒石は天から落ちてきたものとされ、カアバの東の角に埋め込まれている。ハッジの中心的な儀式のひとつ、タワーフでは、巡礼者たちは反時計回りにカアバ神殿を7周歩き、到着する度に、その印として黒石に接吻する。

サウジアラビアの太陽の下、大勢の人々がこの小さな地点に集まると、大モスクの中庭は独特の微気候──熱と静止した大気──を形成する。毎年やって来る巡礼者の数は年々増え、これからも増え続けると予測される。大勢の人々に対応するため、サウジアラビア政府は大モスクの一連の拡張・改築プロジェクトに着手した。アントン・デイビーズはカナダの技術コンサルタント会社、ローワン・ウィリアムズ・デイビーズ&アーウィン社の風工学技士だ。同社は大モスクにおける風力学を研究するために雇われた──マッカにそよ風をもたらすために。

アントン・デイビーズ：

「通気が不十分です。この地区の周囲には、
あまりにたくさんの人々とたくさんの建物があるため、
空気の動きがほとんどありません。
つまり、風がないということ
です。」

「ハッジの時期は太陰暦に基づいています。
今のところその時期が1年の中でより暑い時期──
華氏110、120度［摂氏約43、49度］の日々──へ移行しています。
太陽が真っ盛りの時期です。人々は熱疲労でバタバタと倒れています。3百万人が
とてもとても小さな空間に全員すし詰め状態になります。汗をかきます。いくつかの地点では
湿度が100パーセントに達します。もはや水分は皮膚から蒸発しません。ただそこに汗として留まる
だけです。もしそれが起これば、人々は茹りはじめます。私たちは風を発生させようとしています。
私たちが起こそうとしている風は、実際に涼しいものとなるでしょう。ここでの問題は、野外の空間を
どう空調管理するかということです。」

ローワン・ウィリアムズ・デイビーズ＆アーウィン社は、カァバ神殿北側の建物の
建築方法が空間の冷却に役立つと考えた。これらの建造物は5階建てで、375,000人が収容可能だ。
何十もの巨大な傘で、外壁の外の空間に影を作る計画が立てられた。

アントン・デイビーズ：「私たちは、建物を過冷却し、
冷気の一部を中庭にあふれ出させるという結論に落ち着きました。
ショッピングセンターの前を通ると、入口から冷気が流れてくるのを
感じた経験がおそらくあるかと思います。私たちは、ここで200,000トンの
冷却を問題にしています。空調管理された空気──冷気──は屋外の暑い空気より
もずっと重いので、実際に建物から流れ出るでしょう。流れの動力はこれで十分
です。この屋内から屋外への空気の交換がそよ風を作り出し、換気し、湿度をかなり
低く保ってくれます。」

「建物からの冷気は傘の下に移動するはずです。傘は屋根のような役割を果たし、
それが周囲の空気と混ざる度合いを低下させます。これは、冷気が
冷たいまま、巡礼者たちのより近くにより長い間留まるという
ことです。彼らはただ、穏やかなそよ風を感じる
ことでしょう。」

ダイアナ・ナイアッド：

「私はどうすればいいの？　風が吹いたら怒る？
泳ぐのをやめる？　そんなことをしても
何の役にも立たない。私は、そう、今こそ万事順調なとき、と考えて泳ごうとしました。
気分は最高、天気はアイロン台みたいに穏やかで、すべて最高。でも、これが
２日半続くとは思わない。それは続かないのです。気分は最高ではなくなるし、
頂点と谷底のうねりを経験しなくてはならないし、谷底にいたら、
それに耐えなくてはならない。トレーニングであろうと、本番であろうと、
波がやってきて、悪天候や風がやってきたら、
私は、これは水の上で起こっていることではない、と
考えようとする。荒波が立っているときはコントロール不能で、

海水を飲み込んで、腕と肩は
水面に沿った滑らかな優雅な
動きができず、激しい格闘を
強いられる。でも、水中で起きて
いることなら、自分でコントロール
できます。腕を使って、肘を正しい角度にして、自分を前進させる
ために、できる限り効率的に手で水をかきます。」

「私は自分の息を聞いています。それは（ハスキーでリズミカルな）
フーウ・フーウ、フーウ・フーウみたいに聞こえます。私は水面のところで
息継ぎをしますが、それがこの音を誇張します。なぜなら、水が音を
伝えるからです。私の手は、右手が６秒ごと、左手が６秒ごとに、
頭上を通過します。息だけでなく、
手が水に入るときのチュー、チューという
音を聞き、後ろの小さなキックの音は、

バ、バ、バ、
バ、バ、
バ。」

「メトロノームのような心地よさがあります。
羊水の中の赤ちゃんの呼吸を
聞いているような
感じです。」

「海にいると、潮が引くのが感じられ、岸を振り向くと、どのくらい遠くまで来てしまったのかが分かり、幻想に浸り始めます。海を飛び出させず、水面にとどめる月の引力とは何だろう？　海はどのくらい深いのだろう？　エベレスト山の高さよりも深い海もある。自分が力強く感じられる。それに訓練も積んでいるのよ。私には、この大冒険を成し遂げる力がある。でも、本当のところ、私はこの大きく、力強い海の中のちっぽけな小石なのです。」

「2日間休みなく泳いで、3日目の夜が近付き、ちょうど頭上を星が覆い始めると、そんな考えにもっと取りつかれるようになります。そういう考えに没頭して、海がどれだけ深くて、どれくらいの数の生物が自分の下で泳いでいるのか、自分の真下にある海底の海嶺がどうなっているのかを実感し始める。なんて小さな惑星なんだろうと考え始める。自分がここで泳いでいる波とこの潮汐作用は、北極の極冠氷が解けることの影響なのだ。地球について考え始め
—それから、私たちは
どこにいるの
だろう、と
考え始め
るので
す。」

「私たちは
宇宙の
どこにいるのだろう？
地球は永遠に続くのだろうか？
人類は永遠に続くのだろうか？
そこにいるとそんな空想に
ふけり始めます。」

第６章

熱

火は、地球生態系の自然の要素のひとつである。火は森の下草を取り除き、新たな茂みの成長を助ける。火は土壌に栄養を与え、種の発芽を促す。人類は、暖かさ、光、調理、農耕、捕食者からの防衛のために、制御された火に長らく頼ってきた。

火は荒廃させ、破壊する。

科学者たちは、長引く干ばつと記録破りの温度を伴う気候変動が壊滅的な山火事の増加の一因と考えている。

「世界中で、火災、山火事をよぶ異常気象、大規模火災が以前よりもずっと増えていることがわかっています。」タスマニア大学の環境変化生物学の教授で『地球における火災』の共著者であるデイビット・ボウマンは言う。「火災は今、この惑星にできる発疹のようになってきています。」

デイビット・ボウマン：「我々は異常な燃焼挙動を確認しています。夜通し燃え続ける火事、消えない火事、何週間も何か月も燃え続ける火事などです。消防士たちは、これまでにまったく経験したことがない状況に出くわしていると言っています。」

「火災は洪水よりもドラマチックです。それはほとんど一瞬にして起きるのです。ある世界を別の世界に変えてしまう──森林に覆われた景観を灰だらけの景観に。いったん火がついて、それを制御できなくなれば、もう手の施しようがありません。火の制御ではなく、存続させることを考えなければなりません。それは野生動物のようなもの、蛇のようなものです。美しいと同時に恐ろしいものなのです。」

2010年12月、イスラエルのカルメル山の森林で火災が起きた。イスラエルの記録上最も暑い年だったせいで、森は乾燥していた。イェルサレムとハイファの気象観測所は80年間で降雨日が最も少ない年と記録していた。カルメル山の火災では、何十人もが犠牲になり、5百万本以上の樹木が燃えた。イスラエルは国際社会に救援を求め、援助を受けた。アメリカ、ロシア、イギリス、フランス、スペイン、エジプト、ヨルダン、キプロス、ギリシャ、ドイツ、トルコ、パレスチナ自治政府が救援隊と消火用航空機を送った。「これは特殊な戦闘だ」と、イスラエル首相ベンジャミン・ネタニヤフは言った。

ブータン王国の憲法第５条３節には、国土の60パーセントが「常に森林で覆われていなくてはならない」と規定している。ブータンはそのドラマチックな景観と生物多様性で名高い。そこは、ウンピョウ、イッカクサイ、レッサーパンダ、ヤギレイヨウ、ホエジカ、ゴールデン・ラングル［サルの一種、*Trachypithecus geei*］、トラ、クロクマ、イノシシ、オオカミ、ブルー・シープ［ヤギの一種でバラルとも呼ばれる。*Pseudois nayaur*］の生息地である。50種のシャクナゲが咲く。

政府の統計によると、ブータン人の５人に１人が貧困ライン以下の生活を送っている。働くブータン人のほとんどは農民で、作物を栽培するか、牛を飼っている。耕地にするために土地を開墾するもっとも安価な方法は、燃やすことだ。特に、乾燥した冬の数か月間、農地開拓のための火は瞬く間に広がって、山火事になる。「マッチ棒で遊ぶ子供たち、牛飼い、レモングラスを収穫する人々」に起因する火災もある。風と山地のせいで火は制御困難になり、人々と野生動物を脅かすのだ。

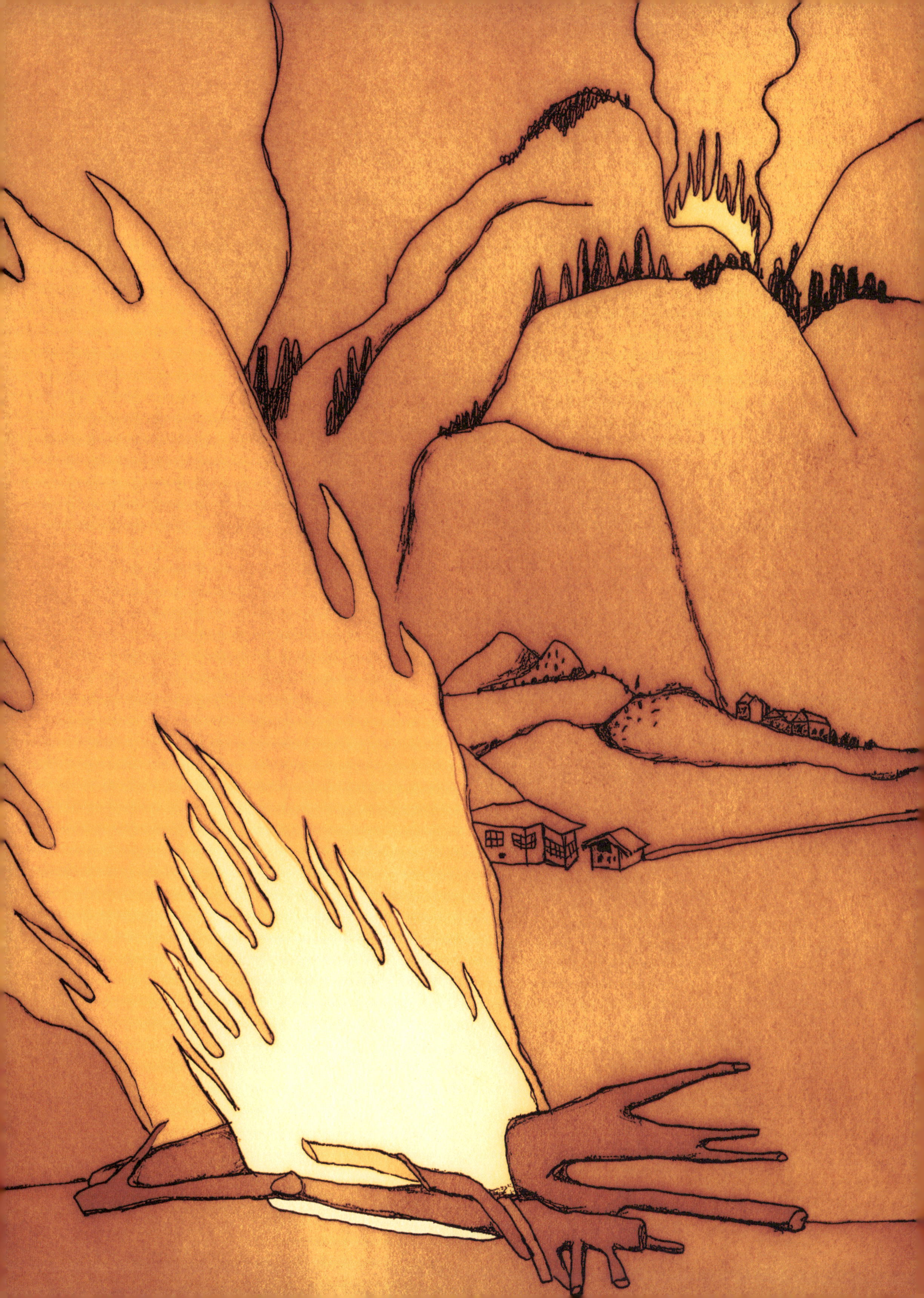

目が黒く、尾が二股の猛禽類のトビは、アフリカ、ヨーロッパ、オーストラリアの一部を大群で飛ぶのが見られる。トビは燃える景観に引き寄せられる。他の動物たちが炎から逃げているとき、この狩猟・清掃動物が舞い降りる。『オーストラリアのワシ、タカ、ハヤブサ』の中で、デイビット・ホランズは書いている。「火はトビが非常に巧みに利用する要素のひとつだ･･･私は数分のうちに千羽の鳥がダーウィンの野火の前に現れ、空気が最も早く上昇する場所をさまようために、火事の最前線に集まり、それから煙の中を獲物に降下して、猛火が進む前に逃げた昆虫を捕まえながら闇の中をくねくねと曲線を描いて飛んでいるのを見た。」

オーストラリアは暑く、乾燥していて、干ばつの傾向にある。そこに住む人々と動植物は火に順応している。アボリジニーは狩猟と漁業に火を使った。オーストラリアの樹木景観を特徴づけるユーカリの木は、可燃性の油を含み、燃えている木は、発火点に達すると爆発して、急に燃え上がるようだ。新しいユーカリの種は火事の跡地で元気に育つ。「カンガルー、ワラビー、ウォンバットは焼かれた後に生える栄養価の高い新芽を必要とする」と、火災史研究家ステファン・パインは書いている。

オーストラリアは火災への対応策を立てている。しかし、最近の火災は準備万端であっても壊滅的になることがわかった。オーストリアのビクトリア州は、2009年を熱波の中で迎えた。気温は記録を更新し、新たな最高気温の華氏119.8度［摂氏約48.8度］を記録した。何か月もほとんど雨が降っていなかった。ビクトリア州は干ばつ13年目だった。2月6日金曜日、ビクトリアの州首相ジョン・ブランビーは人々に、土曜日の予定をキャンセルして、彼が予測した「州史上最悪の日」に家に留まるように命じた。次の日の午後、メルボルンの気温は華氏115度［摂氏約46度］を超えた。相対湿度は10パーセントまで下がった。

午前11時47分、東キルモアの町の丘の裏側から煙が上がっているのが見えた。消防士たちは数分後に駆け付けたが、炎を阻止できなかった。消防隊長のラッセル・コートは火事の「ふたつの舌」を見て、ひとつは南へと広がり、もうひとつは東に燃え広がったと報告した。強風が炎を煽(あお)り、燃えさしを空気中に放り投げ、新たに飛び火させた。午後1時19分までに、火事は「複数の舌」を持っていた。火はたくさんの乾いた植物で勢いをつけ、山々を焼き尽くし、ハイウェイを乗り越えた。飛び火は合流して、さらに多くの燃えさしを吐き出し、新たな場所を焼き始めた。

日中を通して、ビクトリア中が次から次に発火した。長い火の帯が南東方向へと押し寄せた。午後5時30分ごろ、風向きが変わった。

メルボルン大学の火災生態学者、ケビン・トルハーストは、オーストラリア放送協会に伝えた。「風向きが変わると何が起きるかというと、50キロメートルの火の側面が突然火事の先頭になることです。5、6キロメートル幅の火事が、50キロメートル幅の火事になるのです。」ジム・バルタはセントアンドリュースの丘の上の自宅から、火事が近づくのを眺めた。「それはハリケーンだったが、燃えていた。」

後に「暗黒の土曜日(ブラック・サタデー)」として知られることになるこの日、ビクトリアの火事は百万エーカー以上［約40万ヘクタール以上］を燃やし、173人の命を奪った。

メリーズビルの町では、町の90パーセントの建物が壊され、34人が犠牲になった。町の消防士全員が自宅を失った。ダリル・ハルはその日、メリーズビルの宿屋、クロスウェイズ・インで働いていた。彼は、「暗黒の土曜日」を調査した王立委員会で証言した。木々が燃え、彼の周りに倒れてきたとき、ハルは湖にどうにかたどりついた。「すべてが燃えていた・・・火がまるで生き物のように、オレンジ色の炎の指が湖岸の草の中に忍び寄っていた・・・私は湖の中央へと移動した・・・爆発があり、すべてがオレンジ色に輝いていて、燃えさしが私の上に降り注ぎ始めた。燃えさしは私の周りの水を打つとジュッと音を立てた。燃えさしから身を守るため、私は水の中に潜った。水の中から、緑のガラス越しに見えるオレンジのライトのように、燃えさしが落ちていくのが見えた・・・水面に出ると、目の前で学校が炎上するのが見えた。2台の車が猛スピードで湖に向かって降りてきた。車のドアが開く音と2人の男と1人の子供の声が聞こえ、私は一瞬、彼らも湖に入ってくるだろうと思ったが、そうではなかった。彼らがどこへ行ったのかわからない。その後、2台の車は爆発した。」

「我々はほぼ全域で火災増加の危険に直面している。」スタンフォード大学の森林生態学の教授、クリス・フィールドは、2013年、ニューヨーク・タイムズ紙に語った。最近のハーバード大学の研究で、2050年までにアメリカ西部での大規模火災の可能性は2倍になるか地域によっては3倍になることが明らかになった。火事の季節は長くなり、大気は煙るだろう。近年、アメリカ、ヨーロッパ、南アメリカ、南アフリカで破滅的な山火事が起きた。世界中で、ますます多くの人々が「危険地帯」である「荒野と都市の接点」に移住しており、そういった場所では未開拓地が開発され、山火事が最も致命的なインパクトを与えうる。

シベリアですら火事が起きる。2010年、ロシア全域で気温が過去最高水準になった。干ばつが起きた。ロシア電報情報通信社（イタルタス通信）によると、2010年にシベリアでは2,000件近くの山火事があった。50人以上が亡くなり、ロシアの穀物収穫高の4分の1が炎に消えたとシベリア・タイムズ紙は報じた。非常事態省は、一部の地域では、火が分速100メートルで進んでいたと発表した。8月、ドミートリー・メドベージェフ首相は南西シベリアのオムスクを訪問した。彼は「山火事の状況は異常だ」と語った。

第７章

空

第８章

支配権

北朝鮮の最高指導者、金正日が2011年12月17日に亡くなってから2週間半後、北朝鮮で最も広く読まれ、国家統制下にある「労働新聞（ロドンシンムン）」の英文サイトに3枚の霊妙な写真が掲載された。同紙は「魅力的な霜の花」という見出しの下、中国国境に接する北部の両江道（リャンガンドウ）の、ある村の冬景色を紹介した。これらの写真はクリスマスカードの絵のように美しく、コバルト・ブルーの空に囲まれた氷できらめく華奢な白樺の枝とカラマツの針葉が写っていた。この地域には珍しい冬空の「素晴らしい天然美」が、金正日に帰するものとされていた。住民たちは「異口同音に」、「金正日指導者が、常に（息子で後継者の）金正恩に大きな敬意を払い、今年大豊作となるように、一生懸命農作業に励みなさいと言って、このような驚くべき光景を展開させたかのようだ」と語ったと記事に書かれていた。

北朝鮮当局の報道機関は、他の気象現象も親愛なる指導者の死に関連付けた。朝鮮中央通信は、金正日の最期の日々、風が強くなり、波は高まり、気温はこの季節で最も寒冷であったと報じたが、実際、数十年振りの寒さだった。

国民的伝承では、北朝鮮と中国の国境にまたがる白頭山（ペクトゥサン）が、朝鮮民族、そして金正日自身の生まれ故郷である。山頂の火山クレーターには、雄大な天池が横たわる。12月17日の朝、天池の氷が「大きな轟音」とともに割れた。国家研究員のグループは、未曽有の大きな亀裂音であると証言した。地面はとどろき、色が空にあふれた。「空は濃く透明な色の類のない輝きを帯び、人々は興奮し、自然ですら天から下った男を忘れられず、金正日の人生にまつわる赤い旗を広げた」と言った。他の場所では、雲ひとつない空から雪が降り、地元の住民たちに「金正日は天から下った男だったのだ、だから空が彼の死の報に接して涙を流しているのだ」と言わせた。

何千年もの間、人々は気象の中に意義と神性を見出してきた。

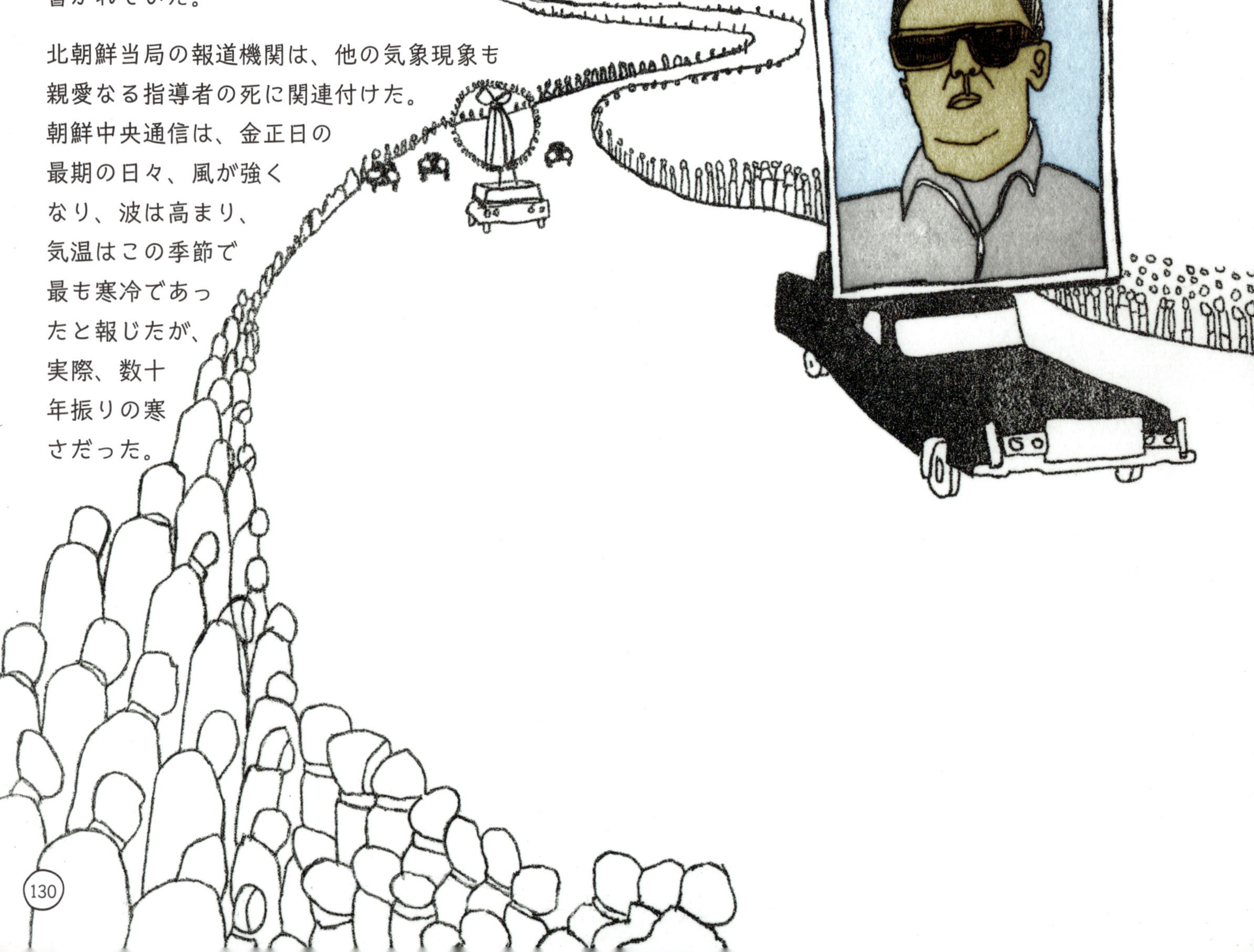

1588年、保有艦艇数、銃砲装備ともに勝るイギリス艦隊が侵略してきたスペインの無敵艦隊に勝利したが、これは幾分、彼らに有利な潮流と風によるところがあった。退却時にも、スペイン艦隊は嵐に見舞われた。打ち負かされたスペイン王フェリペ2世は、「私は無敵艦隊を人間に対して送り込んだのであって、神のなせる風や波に対してではない」と嘆いた。イギリスでは、「神は（神の風を）吹き、彼らは散り散りになった（Flavit Jehovah et Dissipati Sunt）」という言葉を刻んだ祝賀メダルが鋳造された。イギリスの勝利はカトリック教会に対する勝利であった――気象は神自身の献身を証明するものであり、その気流は「プロテスタントの風」と称された。

13世紀にモンゴルの襲来から日本を2度救った

台風は「神風」として知られるようになった。神道の雷鳴と

稲妻と嵐の神である雷神が、国を守るために立ち上がったと

言う者もいた。後に、この言葉は第二次世界大戦時の

自殺攻撃の観念的プロパガンダとなった。

神風惜別の歌（カミカゼ・フェアウェル・ソング）［「同期の桜」を指す］として

知られるようになる歌の歌詞は、

パイロットたちを桜の花にたとえ、

彼らの犠牲を美化した——

「咲いた花なら散るのは覚悟

見事散りましょ国のため。」

アメリカ先住民は長い間、気象がらみの魔法の儀式を行ってきた。ホピ族、ナバホ族、モハベ族などの乾燥した南西部の諸部族はリズミカルな足さばきと歌で雨乞いのダンスを踊る。1894年の『ナショナルジオグラフィック』にはその他のさまざまな伝統が収録されている――ペンシルベニアのマスキンガム族は、年老いた男女を雨をもたらす奇術師として雇い、マンダン族には弓矢で空を脅す雨乞い師と雨止め師の両者がいた。干ばつ時に、チョクトー族は、雨を呼ぶために魚と入浴し、晴天にするために、平鍋で砂を焼く。モキ族が雨を求めるときは、天然の蜂蜜をトウモロコシの皮に包んでそれを噛(か)み、乾燥した大地に吐き出した。カンザスのオマハ族は風を呼び起こすために毛布を振り動かした。猛吹雪を止めるために、オマハ族の少年が赤く塗られ、雪の上に転がされた。オマハ族には霧を消すための戦略もあった――部族の男たちが「地面に顔を南に向けた亀の形を描いた。頭、尾、背中の中心とすべての足に、タバコとともに赤い腰布の小片が置かれた。」

聖書では、神は気象現象を通して人間に語り掛ける。「創世記」では、神は「人間の邪悪さ」を嘆いて、大地に洪水を起こす。「見よ、わたしは地上に洪水をもたらし、命の霊をもつ、すべて肉なるものを天の下から滅ぼす。地上のすべてのものは息絶える」(創世記 6章17節[新共同訳])。ノアの箱舟に乗った避難者を除き、生きとし生けるもののほとんどすべてを流し去ってから、神は雨を止め、2度と地上の生命を破壊しない約束として、空に虹を渡した。

気象を通して、神は怒りを表す――「主はソドムとゴモラの上に天から、主のもとから硫黄の火を降らせ」(創世記 19章24節 [新共同訳])、「主は威厳ある声を聞かせ、荒れ狂う怒り、焼き尽くす火の炎、打ちつける雨と石のような雹と共に、御腕を振り下ろし、それを示される」(イザヤ書 30章30節 [新共同訳])、「わたしは彼とその軍勢、また、彼と共にいる多くの民の上に、大雨と雹と火と硫黄を注ぐ」(エゼキエル書 38章22節 [新共同訳])。

神は脅す――「主はあなたに消耗病、灼熱(しゃくねつ)の痛み、炎の熱を送り、あなたの土地が荒廃し、死に絶えるまで、雨を降らせることがない。そしてついにあなたは完全に破滅するだろう。」(申命記 28章22節)

神は育み、保護する――「恵みの倉である天を開いて、季節ごとにあなたの土地に雨を降らせ、あなたの手の業すべてを祝福される。」(申命記 28章12節 [新共同訳])

1300年頃から数世紀にわたり、地球の気温が下がり、気候が不安定になった。ヨーロッパは厳しい湿った冬に直面し、積雪、霰を伴う嵐、干ばつ、洪水、不規則な気温上昇が増加した。予測不能の天候は、不作、家畜の病、食糧難、飢餓、疫病の一因となった。干ばつ、洪水、飢餓はアジアも襲った。この期間はしばしば小氷河期と呼ばれる。

今日、気候学者は小氷河期の不安定な気候の原因と考えられるものを提示している。大気に塵を舞わせ、暖かな気温をもたらす太陽光線を屈折させて地球に届かないようにしてしまう一連の火山噴火が、一役買っていたのかもしれない。また、太陽活動の低下も原因だったかもしれない。歴史家ブライアン・フェイガンによれば、通常アイスランドへの低気圧とその逆のアゾレス諸島への高気圧という持続的パターンで、北からの冷気を呼び込む北大西洋振動の変化が「最大の原因」であった。

しかし、当時これらの説を提示した者はいなかった。人々は空腹で絶望的になった。この異常気象を魔女裁判の増加と関連付ける学者たちもいた。13世紀から19世紀の間、魔女と告発された百万人が死刑にされたが、そのほとんどが貧しい女性と未亡人であった。

ブライアン・フェイガン：「狂気じみた刑の執行は、ちょうど小氷河期の最も寒く厳しい年に起きています。人々が魔女の根絶を求めたとき、彼女たちに自分たちの不幸の責任を取らせたのです。」

1484年、教皇インノケンティウス8世は大勅書を出した──「男女共多くの人々が・・・悪魔に身を委ねた・・・そして悪魔の呪文、魔力、魔術ならびにその他の嫌悪すべき迷信や妖術、罪と犯罪、悪事が、女性の子供たち、動物の子供たち、大地の作物、ワイン用のブドウ、木々になる果実を荒廃させ、滅ぼす原因となるのだ。」

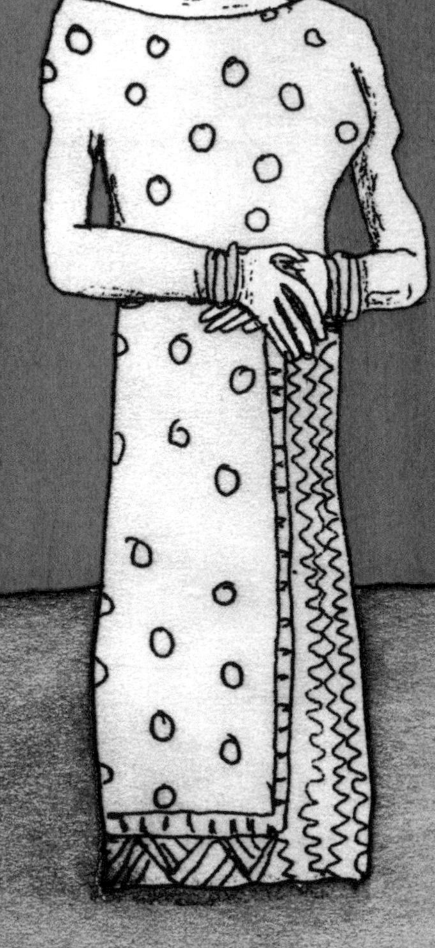

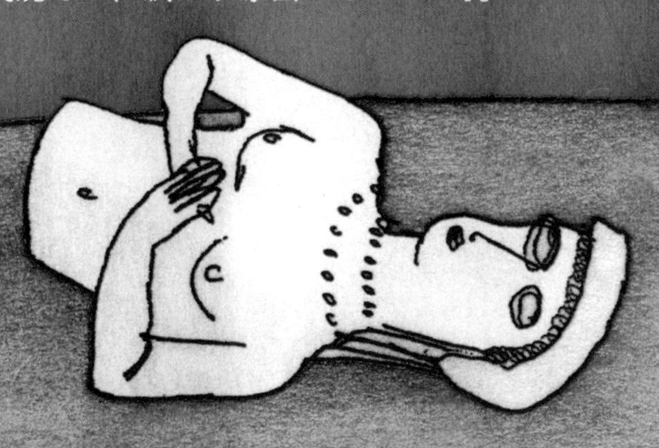

ドイツの教会の異端審問官ハインリッヒ・クラーメルによる魔女裁判に関する教訓の書『マレウス・マレフィカルム（魔女に与える鉄槌）』には、15世紀のある魔女裁判が記録されている。『マレウス』の第15章「彼女らが雹を伴う嵐や大嵐をひき起こし、人間と獣を撃つ雷光を起こす方法」には、ザルツブルク近郊の2人の女性の裁判の詳細が記されている。「激しい雹を伴う嵐によって果物、作物、1マイル［約1.6キロ］幅のブドウ畑が破壊されたため、ブドウが3年間ほとんど実をつけなかった」後、市民たちが異端審問を要求したが、「多くが…（このような天候が）魔術によって引き起こされたという意見だった。」

2週間の取り調べの後、アグネスというファーストネームしかわからない「風呂屋の女」と、第2の被告アンナ・フォン・ミンデルハイムが告訴された。「この2人の女性たちは連行され、別々の牢獄に監禁された。」アグネスが最初に陪審団の前に連れてこられた。当初、彼女は「沈黙という邪悪な才能」を示して無実を訴えた。しかし、終いには屈服した。アグネスは「夢魔と交わった（…彼女は最も口が堅かった）」ことを認めた。著者はアグネスの証言を伝える──彼女は野原の木の下で悪魔に会った。彼は地面に穴を掘って、水で満たし、それを指でかき混ぜるよう彼女に命じた。彼女は急いで家に向かったが、空が荒れ模様になるすんでのところで家にたどり着いた。

次の日の裁判では、アンナ・フォン・ミンデルハイムが同様の罪を告白した。

3日目、2人の女性は火あぶりになった。

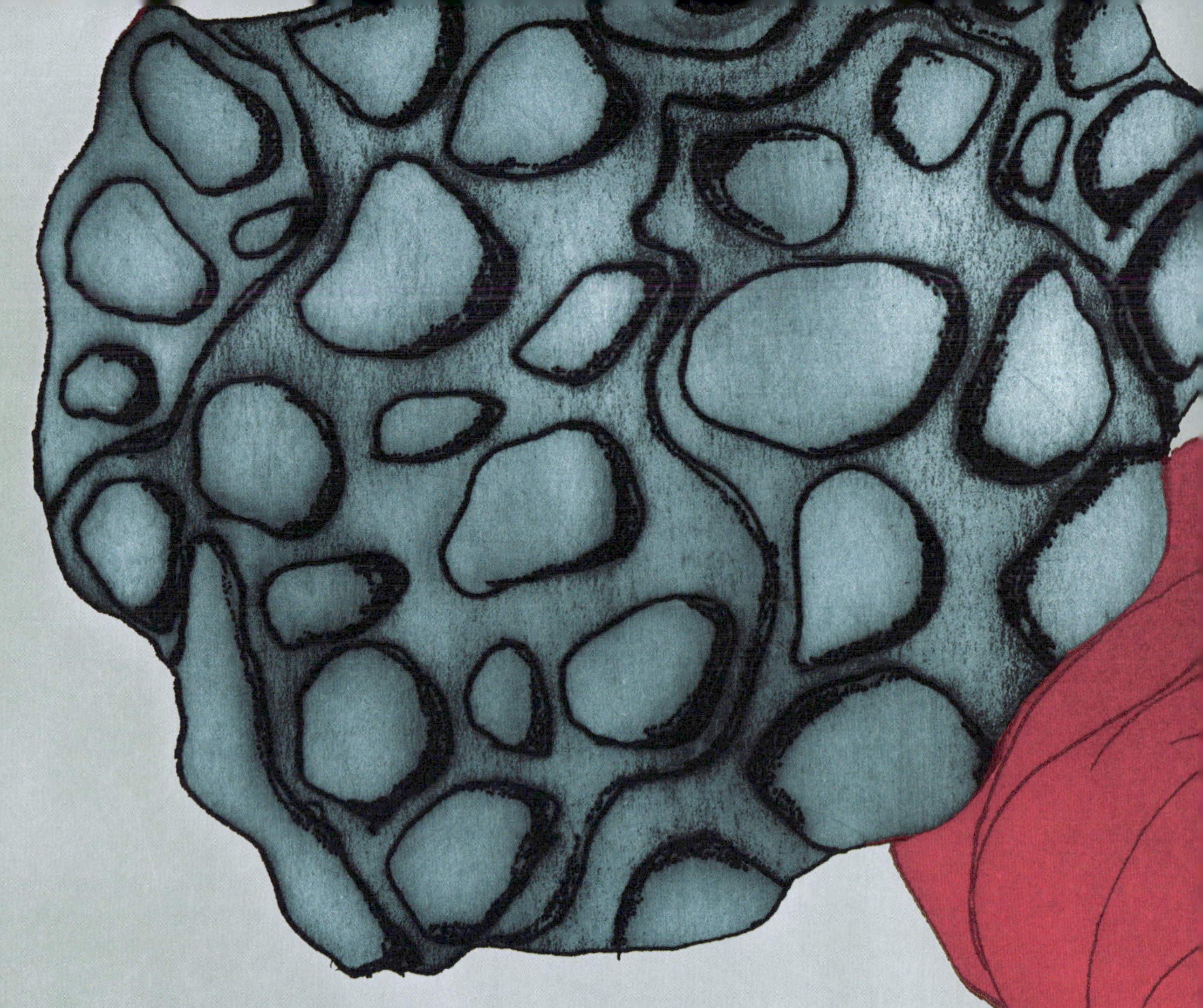

21世紀もなお、自然災害の罪のなすりつけが起きている。ターゲットはゲイとレズビアンたちである。1998年、パット・ロバートソン［テレビ伝道師として有名なアメリカのプロテスタント牧師］は「神の顔にかけて」虹の旗を掲げぬようオーランド市に警告した。「テロリストの爆弾をもたらし、地震に竜巻、場合によっては隕石の落下をも引き起こすだろう。」「信仰の擁護と宣言」牧師団の創立者ジョン・マクターナンは、2012年のハリケーン・サンディーを同性愛のせいにした。「良識のためのトーラーのユダヤ人たち」のラビ、ノソン・ライターは、ハリケーン・サンディーはニューヨーク市の同性愛婚の合法化に対する「神の裁き」であり、ロアー・マンハッタンが洪水に見舞われたのは、そこが「アメリカの同性愛の中心地のひとつ」だからだと言った。

魔術の告発も後を絶たない。

カリフォルニア大学バークレー校の経済学の教授、エドワード・ミゲルは、現代のタンザニアに、あるパターンを見つけている。ミゲルによれば、洪水や干ばつによって収穫が乏しい年には、それに起因する飢餓状態に加え、「魔女」殺人が倍増するという。

「魔術を信じるのは、田舎かあまり教養のない人たちに限られると考えるのは誤りでしょう」と、電光をめぐる神話を研究するヨハネスブルクのウィットウォーターズランド大学講師、エステル・トレングローブは言う。ヨハネスブルクからの電話で、トレングローブはズールー教徒の家系出身の工学部の４年生３人の会話を描写した。

「私たちが座ると、ひとりが言いました。『まず、説明しなくてはならないことがある。稲妻には２種類ある──人が作った稲妻と、自然の稲妻だ』。彼が説明するには、人工の稲妻は極悪非道な目的で魔法を使う魔女の仕業で、人殺しや、財産を破壊するための武力行使とのことだ。『それは、田舎にいるあなたの家族が信じていることでしょう』と私は答えました。すると、彼は言いました。『そうじゃない。私は先生に説明しているんです。先生がわかっていないようなので、説明しているんですよ。』彼が学んだすべての科学は『自然の』稲妻に適用されるが、彼によれば、『人工の』稲妻は、物理法則によって支配されることのない、まったく異なるカテゴリーに 分類されるのです。」

「天候」とは、ある特定の時間における大気の状態──温度、降水量、湿度、風速、風向、雲量、気圧である。「気候」とは、ある地域の長期間にわたる優勢な気象パターンの概略図で、つまり「気候」は、ある特定の場所における通常の状態の天候を表している。「我々は天候に応じて服を着、気候に合わせて家を建てる」と、科学者エドモンド・マテスは書いている。いかなる天候事象も、通常の平均値から逸脱しうるが、必ずしも気候の大規模な変化を表すものではない。しかし、気候の変化は、当然、天候の変化を意味する。

科学者たちは、我々が地球気候変動の時代に生きていることを認めている。

気候変動に関する政府間パネル（IPCC）は、「気候システムの温暖化は決定的に明確である」と宣言した。IPCCによると、この温暖化は主に温室効果ガスの排出によるものである。

人間活動が地球を変えようとしている。科学者たちの主張によると、その結末には、気温の上昇、異常現象、山火事、洪水、干ばつ、海面上昇、種の絶滅がある。

アメリカ海洋大気庁の全米悪天候調査研究所の気象学者、ハロルド・ブルークス：「地球は温暖化していて、温暖化はさらに続くだろう。これは、ほとんどくだらない提言だ。あまりにも明白なんだ。」

多くの研究者、政府、軍事戦略家たちが、気候変動を「脅威の繁殖者」の予備軍と見ている。米国国防総省の2010年の「4年毎の国防計画見直し（QDR)」は、「気候変動は、貧困、環境悪化、そして脆弱な政府のさらなる弱体化の一因となって、世界に重要な地政学的インパクトを与えうる。気候変動は食糧難と水不足の一因となり、病気の蔓延を助長し、集団移民に拍車をかけるか激化させる可能性もある。」2014年のQDRは、この懸念を繰り返し記し、気候変動は「テロリストの活動やその他の暴力行為を許す状況」をさらに深刻化するだろうと付け加えている。

2014年、政府が出資する軍事研究非営利組織CNA社の軍事諮問委員会が、『国家安全保障と気候変動のリスクの加速化』を刊行した。この報告書には、既に気候変動が地球全体で「不安定性と紛争」の触媒となっていることが記されている。報告書は、アメリカ国内でも、気候変動が「我が国力の重要な要素を危険にさらし、祖国の安全を脅かす」だろうと予見している。続いて報告書には、「予測される気候変動に世界がどう対応するかを考えるにあたっては、想像力の欠如を防ぐことが重要であると我々は考えている」とある。

抜本的な解決策──地球システムへの計画的介入、つまり通常は地球工学という計画──を考えている科学者や研究者たちもいる。地球工学者たちは、太陽の光を弱め、海を攪拌して、冷却化を図ろうとしている。

人間活動が図らずも気候に既に影響を与えてしまっていても、この悪影響を埋め合わせる意識的な一歩を踏み出せるし、そうすべきなのではなかろうか？

人類とテクノロジーは、神と魔法に代わって気象への支配権を獲得できるのか？

ネイサン・ミアボルトは彼が研究部門を設立したマイクロソフト社で、10年以上最高技術責任者を務めていた。1999年、ミアボルトは「アイディア工房」のインテレクチュアル・ベンチャーズを創立するため、マイクロソフト社を去った。ミアボルトはプリンストン大学の数理経済学と理論物理学の博士号を持っている。「曲がった時空における場の量子論」の研究ではスティーブン・ホーキングとともに仕事をした。モンタナとモンゴルで恐竜の化石を探したこともある。彼は、分子料理学に関する6巻本『モダニストの料理』の共著者で、1991年には、世界バーベキュー大会で優勝した。インテレクチュアル・ベンチャーズには、地球温暖化を阻止するための提案がある。ミアボルトが「ストラトシールド」と呼ぶ機械である。

ネイサン・ミアボルト：「我々の現在の経過とスピードでは、地球の調理は終わってしまうだろう。どのくらいの確率でそれが起きるのか、あるいはどのくらいの時間枠でそれが起きるのかという、もっともらしい議論が起きそうだが、その多くは単にそれがいつになるのかを問題にしている。また、我々は地球温暖化について、これまでに基本的に何も──計測可能なことは何ひとつ──していないから、どうやったらそれを避けられるのかがまったくわからない。避けられたら、素晴らしいけれど。それが起きるまでの間に、備えておこうではないか。」

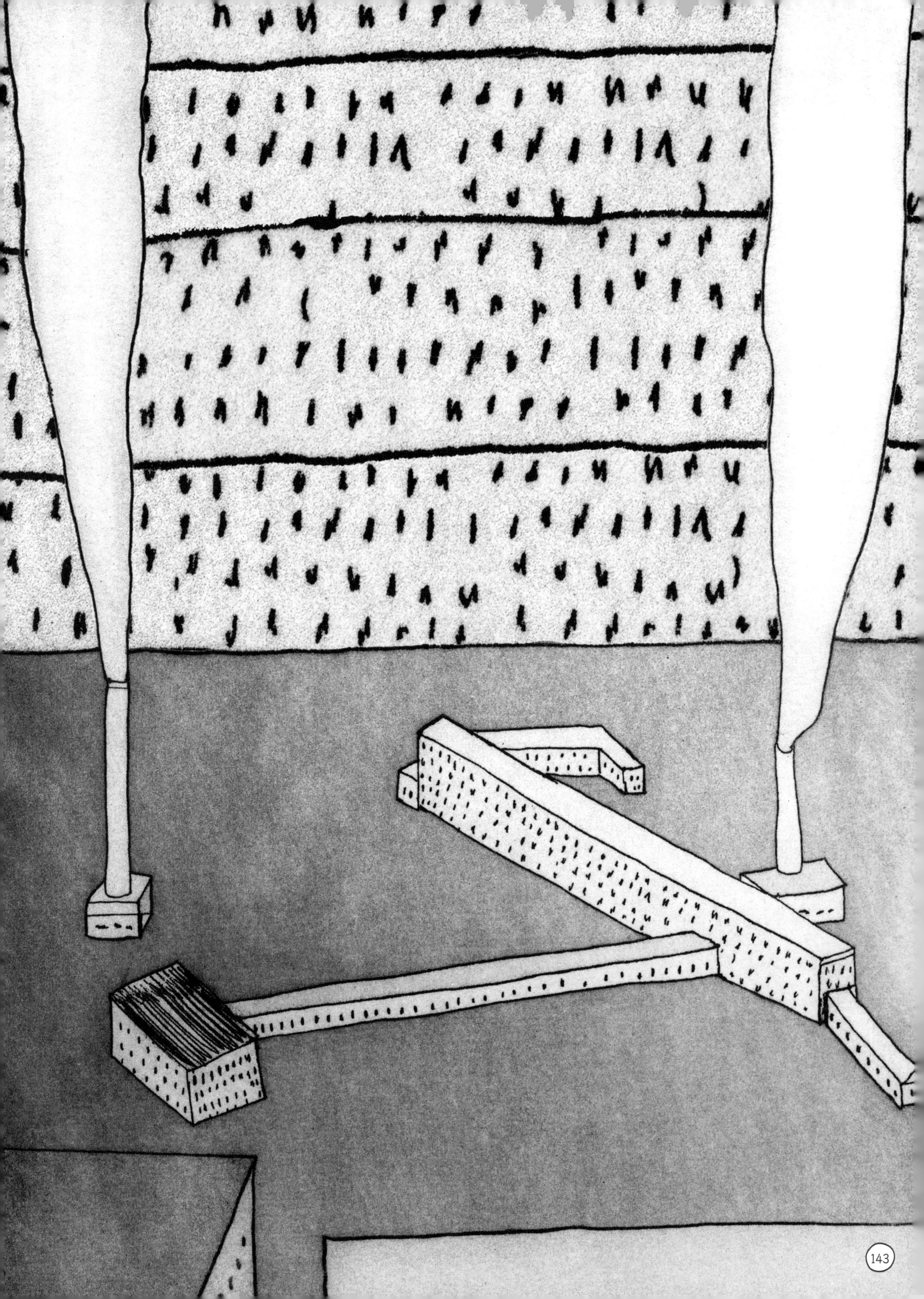

地球工学戦略は一般的に２つのカテゴリーに分かれる。ひとつ目の二酸化炭素の除去は、大気中から CO_2 を除去することで、二酸化炭素の温室効果を緩和するものだ。ふたつ目の方法の太陽放射マネージメントは、一定量の太陽光の大気への浸透を防ぐか、宇宙空間に反射する太陽光を増やして、地球の温度を低下させる試みだ。

ネイサン・ミアボルト：「太陽放射マネージメント（SRM）と呼ばれるアプローチがある。このめちゃくちゃすごいものにはいろんな略称がある。みんな略称が好きだからね。これはつまり、太陽光の一部を宇宙空間に跳ね返してしまおうってことなんだ。ストラトシールド法は、我々の見解では、誰でも思いつく最も安価で、最も実用的な方法だ。我々は太陽を１パーセント暗くしようとしているところなんだ。」

「この方法の最初のアイディアを思いついたのはミハイル・ブディコという男で、ソビエトの科学者だった。ブディコは 自然の形態では火山噴火で生じる硫酸化物質が太陽光を弱めることに気付いた。1991 年にピナトゥボ山が噴火したとき、その影響でおよそ 18 か月にわたって世界の気温が華氏１度[摂氏 0.6 度]ほど下がったことがわかっている。だから、必要なのは１年あたりピナトゥボ山ひとつ、それだけで大丈夫なんだ。そこで問題は、どうやって１年に１回ピナトゥボを起こすかということ。人々はいろいろなアイディアを持ち寄った。大砲を用意して、炸裂する砲丸を空に向けて撃とう、ロケットで砲丸を上空に打ち上げよう、ジャンボジェットに砲丸を積もう、と考えた。こういった計画もうまくゆくかもしれないが、大変費用がかさむ。」

「我々は最も簡単なアプローチを思いついた。それは、空に向けてホースで水をかけること。本当にばかげた考えかもしれないけど、単純なうえに安いときてる。それで我々は一連の詳細を加えてこれを設計した。パイプを持ちあげるひと続きの風船を用意する。パイプには多数の小さな電気ポンプを付ける。パイプの内径は１インチ[約 2.5 センチ]から２インチ［約５センチ］くらいにする。巨大な園芸用ホースみたいなものだ。」

「それは、普通のパイプ素材でできている。超強力な素材なんて必要ない。それから、これを上空へ持ち上げるたくさんのつなげた風船と、たくさんの小さな電気ポンプを用意する。試してみて一番良かったのはＶ字型のものだ。でも、丸い風船も使える。Ｖ字型は風に強いんだ。チューブ百メートルごとにそれを持ち上げる風船を設置する。我々はこれを真珠線デザインと呼んでいる。」

「それから、そこに取りつける物質が必要になる。その一番シンプルな物質が硫化物、つまり二酸化硫黄だ。完全に天然のものだ。」

「とにかく、それは２本の園芸用ホースみたいなものだ。これらのユニットがいくつ必要かを計算すると、半球あたりひとつ必要になる。これらは長い園芸用ホースで、空に上がっていくんだ。そのうちのひとつが、半球全体の地球温暖化を解消してくれるかもしれない。」

「我々が考え出した最良の計画は、それを高緯度の北極か低緯度の南極に設置することだ。北極圏近くのどこかに置くつもりだ。カナダに２か所理想的な場所がある。」

「それで、そこの上空にそいつを噴射するんだ。細かい霧にして噴射する噴出口がホースの端にいくつかついている。噴出口の精密な調節を監視する方法は山ほどあって、お好みのどんな気温にも、気温や気候を一定に保つようにも決められる。だから、『今日の気温を一定にしよう』ということも可能だ。おそらくそれが最善策だろう。でも、『産業革命前の気候に戻そう。地球温暖化が一切ない状態にしよう』と言うこともできる。」

多くの人々は地球工学構想を恐ろしいものと感じている。例えば、雲のように大気を覆う硫酸塩粒子で空の色はくすみ、青空は無くなるだろうという予測 におびえる人もいる。（ミアボルトは、空のいかなる稲光も裸眼では見えなくなると言う。）ジェフ・グッデルが『地球を冷やす方法』に書いているように、最近まで、地球工学研究は「科学におけるポルノ癖のようなもので、自分の研究室の中でこっそりと考え、調査はするが、人のいる上品な場で議論されることはなかった。

左：インテレクチュアル・ベンチャーズの「ストラトシールド」

ネイサン・ミアボルト：「計画が明らかになると、私はあらゆるいやがらせの手紙を受け取った。そのうちのひとりは『おまえは嬰児殺しより悪い』と言っていた。」

ネイサン・ミアボルトは地球工学の提案に対して耳にする反応をこう表現した。「私はこれについてたくさんの筋金入りの環境保護主義者たちと議論してきた。私が『ジョン・ミューア』と呼ぶような人たちとね。」

著名な自然主義者で活動家のミューアは、1892年にシエラクラブを共同創立し、「国立公園の父」と評されている。

ネイサン・ミアボルト：「ジョン・ミューアは山を愛していた。私の環境保護主義者の友人たちの中にも山の愛好家がいる。彼らは荒野を愛している。だからこう言っている。『これは素晴らしい！　君は私が愛するものが破壊されるのを防ぐ方法を見つけたんだ。』彼らは地球工学を調べて、少しためらいがあるのかもしれないが、それは全然構わない。しかし、基本的に、彼らは地球がだめになるのが嫌なのだ。」

リチャード・ピアソンはアメリカ自然史博物館の生物多様性・保全センターの科学者だ：「国立公園があるとしよう。一部の動物と植物はフェンスで囲っている。しかし、その気候は、保護しようとしている種のシステムに合っているのでしょうか？」

フェンスだけでは気候変動は防げない。動植物、空と海はすべて影響を受ける。今日、神のまねごとをして地球のシステムに介入すべきかどうかの問いは、傍流を離れ、主流の議論になっている。

ネイサン・ミアポルト：「それは、ちょうど人々が『誰にそんなことをする権利があるのか？』と言うような話のひとつだ。私はこう答える。『ちょっと待て。すべての車の排気管ひとつひとつが大気中にガスを排出し、それが気候を変えているんだぞ』と。」
エマ・マリス（ジャーナリスト）：「認めようが認めまいが、私たちは既に地球全体を動かしています。」
アラン・ロボック（気候学者）：「私はそれが武器として発達させられるのを恐れている。多国籍企業がこの技術を発達させるのを心配している。『エクソン・モービル地球工学社』なんてどう思う？　実のところだれの利益になるのだろう？ 私はある国が世界の気候をある設定にすることを望み、別の国が違った設定にすることを望んで、そのせいで戦争になることを危惧している。」
エリザベス・コルバート（ジャーナリスト）：「二酸化硫黄を雲の上に放出することで起こるかもしれない多くの結果の中に、新たな地域ごとの天候パターンがあります。」
アラン・ロボック：「地球工学はインドと中国の季節風を崩壊させ、その地域の食物供給に影響を及ぼす可能性がある。」

ネイサン・ミアボルト：「私は中国のような国がこう言うのが想像できる。『見ろ、その通りだ。我々はたっぷり汚染してるが、それは発展途上だからだ。君たちは19世紀に同じことをした。今度は我々の番だ。だが、我々は先進的な考えを持っている。だから、同時に、我々が行うことすべてをなかったことにする地球工学の何かしらの手段を講じるつもりだ。それに、おそらくはそれを行っているうちに、君たちの一部がやっている汚染もいくらか取り消すことになるだろう。』

自分たちがモルディブのような国にいると仮定しよう。モルディブは最も高い場所でも海抜2メートルに過ぎない。したがって、これはそこの人たちにとって現実問題なんだ。世界の残りの国々が議論し言い争って何もしない一方で、モルディブが『わかった、そんなことはどうでもいい、我々がやる。お前たちが言い争っている間に、我々がそれを実行する。さもなくば、我々は沈んでしまうのだから』と言うのは、自国のために完全にまっとうなことだと思う。そして、彼らが実行したら、誰も止められない。彼らを攻撃するために戦闘機を送る国があるだろうか？

そこで、狂ったシナリオが想像できよう。例えばブラジルのような南の熱帯の国が『もういい、お前たち北のろくでなしども、お前たちを締め出してやる。我々がその装置のひとつを設置し、くそ寒い氷河期に戻すよう気温を設定してやる』と言うだろう。すると、カナダが『おい、この地球温暖化っていうのは俺たちにとってはいい考えじゃないか。二酸化炭素をたんまり排出しよう。えーい、休暇をハワイで過ごさなきゃいけないのにはうんざりなんだ。カナダをあったかくって気持ちよくしようじゃないか』と言うだろう。」

デイビッド・キース（環境科学者）：「これは自然の終焉ではなく、野生──あるいは少なくとも我々の野生という考え──の終焉なのだ。それは、我々が管理された惑星に住んでいることを意識的に認めることだ。」

エマ・マリス：「たとえ介入することに嫌悪感を抱き、それを嫌がっても、いつか道徳的にそれを行わなくてはならない日が来るでしょう。とはいえ、私は熱心に推進したりしないけれど。」

ネイサン・ミアボルト：

「ねえ、地球工学は我々が本当に問題になると判断するときにだけ配備されるものなんだ。大惨事の筋書きがないのなら、こんなことをする理由なんてまったくない。」

第９章
戦争

1963年、南ベトナムのカトリック教徒のゴ・ディン・ジエム大統領は、彼の弾圧的な宗教政策に抗議する仏僧たちと対峙した。5月、ジエムの治安部隊は、仏教旗の掲揚禁止に反対するデモを行う9人の僧侶を殺害した。6月、軍は宗教的抗議を行う人々に化学物質を浴びせた。7月、AP通信社のカメラマン、マルコム・ブラウンは僧ティック・クアン・ドックの焼身自殺をフィルムに収め、この事態への世界の注目を集めた。

南ベトナムの動乱は、共産主義の北ベトナムとの争いにおいてジエムの反共産主義政権を支援するアメリカとの緊張関係をもたらした。1963年6月の抗議行動を目撃したCIA工作員は、政府の攻撃に対する僧侶たちの対応について「警察に催涙ガスを発射されても、彼らはデモの間ただ立ち尽くしていた」と描写した。しかし、工作員は、雨が降ると僧侶たちは散り散りになった、と指摘した。

この指摘でCIAはあるアイディアを思いついた──雨を降らせよう、と。降雨によって抗議行動を未然に防止できれば、政府による暴力的な対応は起こらないだろう。と言うのも、アメリカはこれ以上、自国民を攻撃する政権を支持する立場にはいられないからだ。このCIA工作員によると、「CIAはエア・アメリカのビーチクラフトを用意し、ヨウ化銀を搭載した」──これは雲に降雨を促すためにまく「種」の主成分だ。

その17年前、3人の男たち──高校の落第生、ノーベル賞受賞者、カート・ボネガットの兄──が、ニューヨーク州スケネクタディのゼネラルエレクトリック社で雲の種まき方法を開発した。

ビンセント・シェーファーは1921年、15歳の時に退学した。同じ年に彼はゼネラルエレクトリック社で職を得、はじめはボール盤操作係として働き、後に研究職に就いた。工業科学者アービン・ラングミュアは、電球の技術を進展させ、原子構造の理解を深め、1932年に、ノーベル科学賞を受賞して、ゼネラルエレクトリック社の研究部門を監督し、シェーファーの指導者となった。第二次世界大戦中、2人は共同して戦争遂行を支援し、ガスマスクと潜水艦探知用の海軍の超音波探知機に改良を加えた。彼らはまた、気象現象を調査し、航空機翼の氷結の問題に取り組み、軍事作戦を遮蔽(しゃへい)する雲発生器を発明した。

1946年の夏の間、シェーファーは黒いビロード布で内張りした家庭用冷凍庫で人工雪が作れることを証明した。この時期のゼネラルエレクトリック社の宣伝映画で、くしゃくしゃ頭に濃色のネクタイ、肘までまくり上げた白シャツ姿のシェーファーが、その過程を語っている。

彼はもたれかかって冷凍庫の中に息を吐く。「息の湿った空気が凝結し、雲を形成します。」カメラは、人工光でネオン・ブルーに色付いた渦巻く霧をだらだらと映す。まるでナイトクラブのタバコの煙のようだ。シェーファーが言うには、雲は「過冷却されている。」つまり、水蒸気の粒は氷点以下なのに、液体にとどまっているのだ。シェーファーはドライアイスの大きな塊を手に取って軽くたたき、そのかけらを雲の中に飛ばす。「飛行機雲のような2、3の長い縞ができます。これらには、何百万という非常に小さな雪の結晶が含まれており、それらは急速に成長します。」スクリーンでは、おもちゃの吹雪が旋回し始める。「数秒間でおよそ10億倍に体積を増やします。」カメラがズームインする。かけらは猛吹雪になり、光をとらえ、反射してピンク、紫、黄色に輝いている。「氷の結晶は眩い。これらの色は、結晶が小さなプリズムで、さまざまな色に光を分離させるという事実によってつくられています。」

シェーファーが初めて再製可能な、人工生成の気象現象を創り出したとき、ゼネラルエレクトリック社はプレスリリースを発表した──「『ホワイト・クリスマス』を創り出す雪と寸分たがわぬ人工雪が初めて作られました。」ニューヨーク・タイムズは書いた──「今日、雪雲の人間による制御につながるかもしれない一歩が、ゼネラルエレクトリック社から発表された・・・都市への降雪を避けたり、農場に雪を降らせたりすることが可能になるかもしれない。」高温では、この人工降雪は雨になる。最初の実験から程なくして、ゼネラルエレクトリック社のもうひとりの研究者、物理学者のバーナード・ボネガット──彼の23歳の弟カートは翌年同社の宣伝部門で働き始める──が、ドライアイスよりもヨウ化銀が一層効果的な種まき物質である、というさらなる発見をした。

アービン・ラングミュアはその軍事的利用を考えた。「『人工降雨』という気象制御は、原子爆弾と同じくらい強力な武器になり得る・・・遊離するエネルギー量では、最適条件下におけるヨウ化銀30ミリグラムの効果は、原子爆弾1個に相当する。」

アメリカは、ベトナムでこの技術を試した。1963年の南ベトナムで仏僧たちが宗教デモを続行しているとき、CIAが動いた。「我々はその地域に種をまき、雨が降った」──CIA工作員はニューヨーク・タイムズに語った。それは、同紙が記したように、「確認された初の気象戦の利用」であった。

その直後、空軍が東南アジアで独自の気象調節の試みを開始した。作戦の焦点は、宗教抗議者たちを退散させることから、北から南ベトナムへの物品および武器の流れを止めることに変わった。「我々は、自分たちの都合に合った天候パターンを配置しようとしていた」と政府関係者は後に語った。この計画は秘密裡に行われた。

ベン・リビングストンはベトナム戦争時のアメリカ空軍の雲物理学者だった。彼は1966年と1967年に、東南アジアにおける何十もの雲の種まき作戦を実行した。当時の写真では、リビングストンはずんぐりした長身で首が長くいびつな微笑みの男に写っている。ある写真では、彼はシャツを着ずに、小型飛行機のドアを開けておさえている。別の写真では、タバコを吸っている。のちの写真では、リビングストンは黒縁眼鏡をかけている。現在、彼は妻ベティーと成人した息子ジムとともに、テキサス州ミッドランドの牧場風の平屋建ての家に住んでいる。5ブロック離れたところには、現在博物館になっている、ジョージ・W・ブッシュの子供時代の家がある。

ベン・リビングストン：「私は幼い頃、西テキサスにいて、綿花畑で草むしりをしていた。雲がやってくると、少しの間陰に入れることを期待し、午後にはにわか雨にならないかと望んだものだ。どのみち時々雨が降るのだから、雲をとらえて、必要な時に雨を降らせれば良いではないか、と常に考えていたのだと思う。それが10歳になる前に思っていたことだ。」

ウェイロン・アルトン・リビングストン（通称ベン）は、1928年8月17日、テキサス州フィッシャー郡でアディー・フロイドとアーネスト・リビングストンの間に生まれた。高校卒業後、ベンはアメリカ空軍に志願し、気象学と日本語を学んだ。彼はパイロットになり、1958年までにはグアムで航空気象学者となり、「低空の台風の目視による観察」を行うためのパイロット訓練を行った。1960年代には、政府による雲の種まきによるハリケーン制御の試みであるストームフューリー計画に関わった。1966年8月、彼は南ベトナムのダナンに配備された。

ベン・リビングストン：「ベトナムでの雲の種まきの目的は、モンスーンの季節の開始を早め、長引かせることだった。それが私の行ったことだ。私はそこに行って雲に種をまき、雨を降らせた。」

1974年に上院外交委員会に提出された国防総省の航空図によると、この計画は「厳選した地区で、効率的に降水を増やし、(1) 路面を柔らかくし、(2) 車道沿いの地滑りを起こし、(3) 河川の橋を流し、(4) 通常の期間を超えて水分を含んだ飽和状態に土壌を保つことで、敵の道路使用を阻むことを目的としていた。」ヨウ化銀の発煙筒──種まき物質が入ったアルミニウム製カートリッジ──が飛行機の翼に何列も取り付けられた。パイロットは遅延点火メカニズムを作動させて、発煙筒をはずして雲に落とすのだった。

ベン・リビングストン：「ある大きさの雲を見つけて、そこにそれを植え付けたいと思ったら、ただその上空200から300ヤード[約183～274メートル]くらいまで飛んで、そのほんの一部に種まき物質をまく。その場合、数秒間その雲の中を飛べば、澄んだ青空の下に出る。あるいは、本当に大きな雲の場合、その中に入って通り抜けるまで、おそらく30から40分間、そこにとどまることになる。レーダーの指示に従わなくてはならない。雲の中にいるのだから。」

「それはごく簡単なことだ。私はたいてい毎日、北ベトナム上空のある場所に確認しに行った。もし、しかるべき様相に発展していない場合は、方向転換して帰る。つまり、タイとかその辺りにね。」

リビングストンは、北ベトナムが供給物資の輸送に利用していたムジア峠の橋を流したことを覚えている。

「あれは橋で起きた地獄だった。南北ベトナムを結ぶ主要な幹線道路、ハイウェイ1にかかる唯一の橋だった。何もかもがあの橋を通過した。そこから200マイル［約322キロ］くらいは別の橋がなかった。」

「私の理解しているところでは、爆撃機が何日も何日もあの橋を爆撃しようとしていたが、まったくうまくいかなかった。我々はその渓谷に大量の水を流し、それが橋を呑み込むようにした。我々はあの日、莫大な水量を創り出した。」

「もちろん我々は何度も自分たちが多くの人々を殺したと報告したことを覚えている。我々が彼らを水浸しにして、溺れさせたのだ。あれは日々雨を降らせている中で起こったことの一部に過ぎない。」

1966年10月、リビングストンは大統領執務室でリンドン・ジョンソンに会った。

ベン・リビングストン：「私はベトナムで我々がどうしていたのか、私が何をしていたのかを報告すべくワシントンに呼ばれた。もちろん、これらのミーティングには合衆国大統領への状況説明があった。彼は、我々が天候を変えるなど、いったい何をやっていたのかを知ることに確かに興味を持っていた。まったく、彼は我々が地上に兵を送らずに何かできると知って、喜んでいたよ。」

1971年3月18日、ジャーナリストのジャック・アンダーソンは9段落から成る記事をワシントン・ポストに掲載し、最小限の詳細ではあったが、この「極秘計画」を暴露した。

アンダーソンは記した──「ホー・チ・ミン・ルートの上空に秘密裡に展開する空軍の人口降雨専門家たちは、天候を北ベトナムに敵対するものに変えることに成功した。」同3月、ランド社の軍事アナリスト、ダニエル・エルスバーグによってニューヨーク・タイムズに漏らされた国防総省秘密報告書は、気象改変計画の存在を認め、それを「ポパイ作戦」として言及した。1972年7月、タイムズ紙のレポーター、シーモア・ハーシュはより大がかりな記事を書き、公の議論の口火を切った。編集者へのある手紙は、国家の「所有権と支配」の主張の司法管轄権を決定するために、曖昧な「雲の法的位置づけ」が定義されるべきである、と指摘した。もうひとりのタイムズ読者は人工降雨を「大量破壊兵器」と呼んだ。

1974年3月20日、海洋・国際環境に関する上院外交委員会小委員会は、ベトナムにおける気象制御の試みに関する秘密の聴聞会を開いた。ロードアイランド出身のクレイボーン・ペル民主党上院議員がその議長を務めた。国防副次官（東アジア・太平洋地区担当）のデニス・J・ドゥーリン、総合参謀本部のエド・ソイスター中佐が証言を行った。その記録は2か月後に公開された。ソイスターとドゥーリンは、この計画の有効性について尋ねられた。

エド・ソイスター中佐：「我々がどの程度うまくやっているのかということを定量化しようとするのは、計画の中で最も困難な部分だ。」

デニス・ドゥーリン：「自分で見てきた材料に基づいて独自に考えると、それが大した力を持っていたとは確信していない。しかし、これは専門家でさえ意見が食い違う点だ。」

それにもかかわらず、ドゥーリンは計画を認めた。

デニス・ドゥーリン：「もし顧問が、私がA地点からB地点に移動してそこで何かするのをやめさせたいと思ったとき、私は、彼が爆弾よりも暴風雨で私を阻んで欲しいと思う。率直に言って、あの状況下では、うまくゆくのなら、この方が実際かなり人道的だったと思う。」

皆が同意したわけではなかった。ジョンソン政権では、国務省当局の代表が、気象改変が「並々ならぬ被害」と不測の環境被害を引き起こす可能性を危惧して異議を唱えた。

ベトナムにおけるアメリカの計画が明るみに出てから、兵器化された天候は、環境改変技術の軍事的使用その他の敵対的使用の禁止に関する条約（ENMOD）という国際条約の管轄下に置かれた。1978年に発効となったこの条約は、「数百平方マイルの範囲で」「数か月間」続く攻撃的な環境改変行為で、「人命、天然および経済資源その他の資産に与える深刻又は重大な危害と損害」を含むものを禁止した。ENMODが小規模、短期間の環境操作の承認をほのめかしているとして批判する者もいた。条約は、軍事戦略家たちが、再び天候が武器として振りかざされる未来について考慮することを許してしまったのだ。

インターネットに出回っている文書に、「戦力増強装置としての天候── 2025年の天候支配」と題された1996年の研究がある。それによると、論文は「米空軍参謀総長の指示」に従って作成された。著者たちは「気象改変が戦場で、これまでの想像を超える優越性をもたらす」と考えている。

論文は未来のシナリオに始まる。

> 「2025年、アメリカが、今や統合されて政治的に強大な南アメリカの裕福な麻薬カルテルと闘っていると想像してほしい。このカルテルはロシアと中国で鍛えられた何百人もの戦闘員たちを雇い、彼らの生産施設への我々の攻撃を首尾よく阻止した･･･気象学的分析では、赤道付近の南アメリカでは年間を通して毎日のように午後に激しい雷雨に見舞われることがわかっている。我が国の諜報機関は激しい雷雨の時、カルテルのパイロットがその中や近くを飛びたがらないことを確

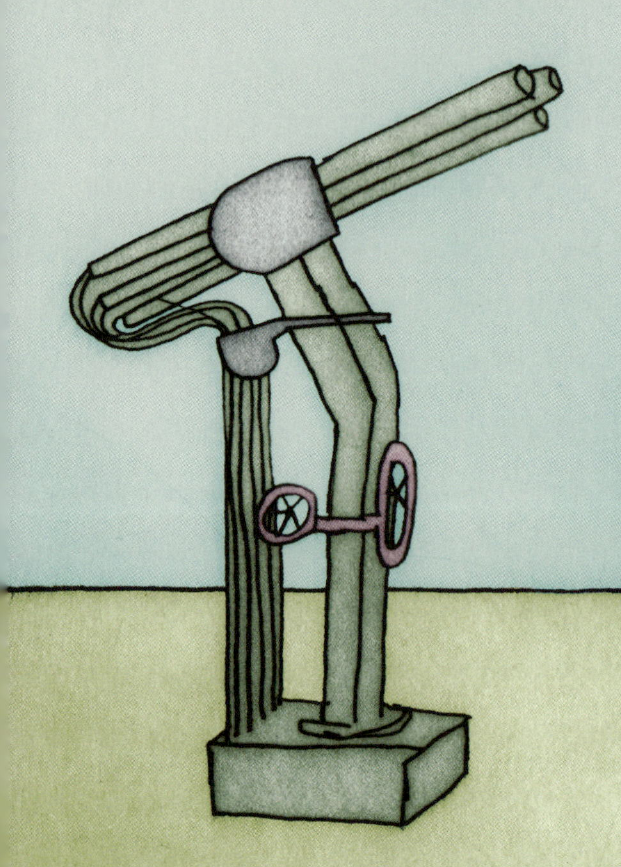

ビルヘルム・ライヒのクラウド・バスター

オーストリアの精神分析医でフロイト擁護者のビルヘルム・ライヒは裸マッサージを含む治療方法を実行した。彼はまた、金属パイプと管でできた、降雨制御を約束する宇宙エネルギー蓄積機、クラウド・バスターを発明した。

雹砲

雹砲は大気中に衝撃波を生成することにより、雹を阻止するものである。これらは長らく、収穫用のブドウが冷たい雹の塊の被害を受けるワイン用ブドウ栽培地域で使われてきた。その効果は論争の的だ。

認した。したがって、最高司令官（CINC）付き空爆作戦センター（AOC）の一部である我々の気象力予備部隊（WFSE）は、低気圧経路を予測し、敵が自らの飛行機で守備しなくてはならない決定標的地域に雷雨細胞を引き起こしたり強化したりする任務を負っている。2025年の我々の航空機は全天候対応なので、我が軍にとって雷雨の脅威はほんの小さなもので、効果的かつ決定的に標的上空を制すことができるのだ。」

2025年までに、アメリカは、霧を散らすレーザー、落雷を撃退できる飛行機、種まき作戦のためのドローンなどの天候兵器類を巧みに使えるようになっているかもしれない、と論文は続く。仮想天候の投射は敵を混乱させるだろう。「降雨促進」攻撃は、通信回線をあふれさせ、士気をくじくだろう。

「社会の一部は、気象改変のような議論になる事柄を試すことを常に嫌がるだろうが、この分野がもたらすその計り知れない軍事能力は、危険を覚悟で無視されている。地球規模の通信とカウンタースペース制御のための自然の天候パターンの小規模な改変を通して味方の作戦を強化し、敵の作戦を妨害することにより、気象改変は敵を打倒し、支配するための幅広く有力な選択肢を戦いの当事者に提供してくれるのだ。」

チャールズ・ハットフィールドの降雨塔

20世紀初頭、ミシンのセールスマンだったチャールズ・ハットフィールドは、秘密の調合の化学物質を含む蒸発塔を建て、「降雨装置」として販売した。彼は言った—「私は他の人々がダイナマイトやその他の爆発物を使って行ったようには･･･自然とは闘いません。ちょっとしたアトラクションで彼女にプロポーズするんです。」1915年、サンディエゴ市議会は空っぽの貯水槽を満たすため、ハットフィールドを雇用した。それに続く降雨は、洪水と何百万ドルに及ぶ損害を引き起こし、初めての気象改変は裁判沙汰になった。1956年の映画「レインメーカー」は、ハットフィールドの物語に着想を得たものである。バート・ランカスターが、干ばつに見舞われた南西部の町にやって来て、100ドルで雨を降らせることを申し出て、ひとりのオールドミス（キャサリン・ヘップバーン）を誘惑するタイトなズボンをはいた人当たりの良い技師、スターバックを演じた。

ベトナムからの帰還後、ベン・リビングストンは海軍称賛勲章を授与された。表彰状には、彼の「開発途上の兵器システム」への関わりが記されている。その中で、リビングストンの「任務への揺るぎない献身」を伴う「執拗さ」「不屈の精神」――そのすべてが「計画の目覚ましい成功」を導き、「アメリカにとってユニークで重要な戦闘能力の進歩を助けた」――が称賛されている。空軍は「絶え間ない陸からの敵の攻撃の可能性のある極めて危険な状況下での重要任務遂行の成功における・・・彼の傑出した航空技術と勇気」に対して航空勲章を授けた。

1969年、リビングストンは空軍を退役し、気象改変の平時における活用について考えるようになった。彼はコロラド州アラモサに居を移し、高地での酸素欠乏を患ったウシの治療のための加圧療法センターの設立を計画した。また、商業的な雲の種まき企業、サンルイスバレー気象工学社を立ち上げた。

ベン・リビングストン：「私はクアーズ・ビール醸造所のために飛んでいた。我々の使命は、生育期の間にできる限り雨を降らせ、それから、穀物──クアーズ・ビールに使う大麦──が琥珀色の輝きを以って成熟するよう、生育期の終わりには雨が降らないようにすること、つまり、7月4日まで雨を降らせ、7月5日から収穫までは雲を消す、というものだった。」

今日、世界の40か国で気象改変計画が行われている。タイには王立人工降雨・農業航空局がある。ギリシャの国立雹抑制計画は近年、農作物への被害と闘っている。2008年、北京の気象庁は、オリンピックの開会式で雨が降らないよう、中国が雲の種まきを行う予定だと発表した。2013年、ジャカルタ・グローブ紙は、インドネシアの科学技術評価・応用機構が雲の種まきを行い、首都での洪水を制御しようとしていると報じた。科学者たちは今なお、これらの計画の有効性──そして倫理──を議論している。

地球規模の気候変動に対抗する目的の地球工学の計画とは異なり、これらの気象改変の試みは短期間の局地的な結果を目指している。アメリカでは個々の州が気象改変のための資金を確保しており、多くの民間企業が天候作りのサービスを提供しているが、連邦政府はもはやこのような試みを支持していない。

ベン・リビングストンは、我々が、壊滅的な嵐を防ぐ気象改変を行う重要な機会を逃している、と考えている。

ベン・リビングストン：「私は2004年に休暇をとり、軍で影響力のある存在だったころに知り合った人々を訪ね回り、雲の種まきを行うか、メキシコ湾岸からの気象を制御するかして、ニューオリンズなどで起こっているようなハリケーンによる被害を防ぐべきだと働きかけた。私は、すべきと思うことをして回った。ノースダコタのファーゴの近くの小さな町にある種まき物質を製造しているところ──アイス・クリスタル・エンジニアリング社──に行った。飛行機を手配し、人員も、点火装置もすべて準備が整っていた。それから私はワシントンDCに行った。ワシントンの上院議員全員に手紙を書き、自分の提案について知らせた。それなのに、彼らはそれに触れようともしないんだ。彼らは自然に干渉してはいけないありとあらゆる理由を持ち出してきたのさ。彼らが挙げた主な理由は、その影響がどこに及ぶかわからない、というものだった。だが、それは間違っている。」

同年、彼はワシントンに行った。ベン・リビングストンは『ライブリー博士の最後通牒』という、著者自身がモデルの主人公が登場する気象制御に関する小説を自費出版した。(「本の中で私はライブリー博士なんだ」とリビングストンは言う。) それは、尊大で低俗な物語だ。ケン・ライブリー博士は、ベトナム戦争時にアメリカの人工降雨計画を行っていた、歯に衣着せぬ元空軍雲物理学者である。彼はセクシーな秘書と、1本余計な歯を持っていた。物語はライブリー博士の極秘計画── TOFU と呼ばれる巨大な小惑星帯とそれがもたらす有毒な宇宙塵から世界を救うための気象操作──に始まり、人類と自然の戦争で幕を下ろす。

残された時間は僅かだ。宇宙塵を含む雲は急速に動いている。ライブリー博士の計画に懐疑的なライバルの科学者は、安全性を侵害し、雲を核爆弾で攻撃することを決意する。ライブリー博士と仲間たちは、特別仕様の小型ジェット機で咄嗟に行動に出る。クライマックスのシーンでは、宇宙塵を含む雲の急速に閉ざされてゆく穴に向けて 800 ポンドの硝酸カリウムの樽を投げ込む。

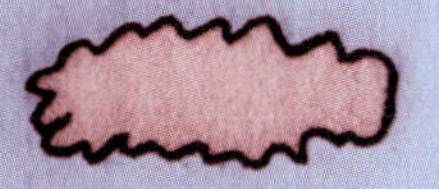

「一瞬の強い光の中、虹のすべての色がパッと光り、溶けて眩いばかりの太陽のような火の玉になった。閃光の瞬間、コックピットにいる者たちは、巨大なカメラの電球のフィラメントのように姿を現した。3人の小型ジェット機の乗組員たちはヘルメットの濃緑色の遮光板を通して、茶色の雲が太陽よりも明るく輝き、それから明るい青緑色に変わるのを見た。宇宙塵を含む雲の上から下まですべての部分が爆発し、大量のガスが発生し、残滓を焼き尽くして雲の中心に吸い込ませた・・・崩壊してゆく雲の中央に流れ込むガスと塵の激しい急流が雷のような轟音をたて、その直後、逆流する雲と暖かい海風が衝突して打ち上げられるときの鋭い音が続いた。」

作戦成功だ。

「一連の激しい閃光と強風が去ったとき、

空にはエメラルド・ブルーのいつもの晴れた朝が、あの出来事の始まりと同じくらい突然に戻ってきた。」

ベン・リビングストン：「我々が育った農園では、仲間たち皆で
連れ立って、スイカを盗むのが私の習慣だった。」

「我々は夜出かけて行って、
誰かの畑の１区画からスイカを盗んだものだ。」

「私は父に
言った。『こんなの
馬鹿げてるよ。
スイカが欲しい人たちが
スイカをとれるようにしようよ。』
父はそれを

良い考えだと思った。

それで、我々は

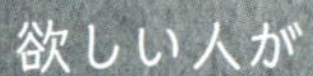

欲しい人が
いつでも
スイカを

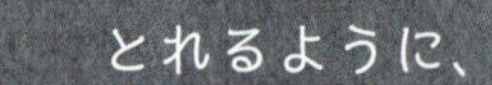

とれるように、
道路に隣接して数畝、
スイカを植えた。」

「どんな植物を栽培するにも、他の時期よりずっと雨の恩恵が大きい最適時期がある。スイカをたくさん育てていて、必要な時にきっちり雨が降らないとスイカは必ず小さくなったが、とても甘くなった。だから、必要な時に雨が降らないというのも、必ずしも悪いわけではなかった。スイカに関する限りはね。」

第 10 章

利益

「私は、人生の本質的なことだけに向き合い、ゆっくり暮らすことを望み、人生の教訓を学べなかったことを確かめるために森に行った。さもなければ、死ぬときになって、自分はまっとうな人生を送らなかったことに気付くだろう。」――ヘンリー・デイビット・ソーローはこのように記した。「私は心をこめて生き、人生の真髄をすべて吸い尽し、たくましくスパルタ人のように生き、人生とかかわりのないものを一掃し、一筋に進む広い道を切り開いて徹底的に草を刈り、人生を奥まった場所に追い込んで既約分数まで縮小したかったのだ。そして、それがくだらないことだと判明すれば、その全体の真のくだらなさをとらえ、そのくだらなさを世界に発表しようではないか。あるいはそれが高尚なことだとしたら、経験を通してそれを学ぶのだ。」

皆さんは、高校の授業か映画「いまを生きる」でこの一節が登場したのを覚えていらっしゃるかもしれない。人生の真髄を吸い、自然の近くで暮らし、社会の重荷を捨て去るため、1845年に、ソーローはマサチューセッツ州コンコードのウォールデン池の近くの森に小屋を建てた。そして2年間に亘り、彼は自分の考えや観察したことを記録した。ホイッパーウィルヨタカのさえずりやウシガエルの声、アビの「狂気じみた笑い声」に耳を澄ました。季節の移ろいについても記した——春には「年初めの兆しが前方をのぞき見している」、秋にはカエデの木が緋色に染まる。冬が近づくと、彼は下がってゆく気温を記録した。

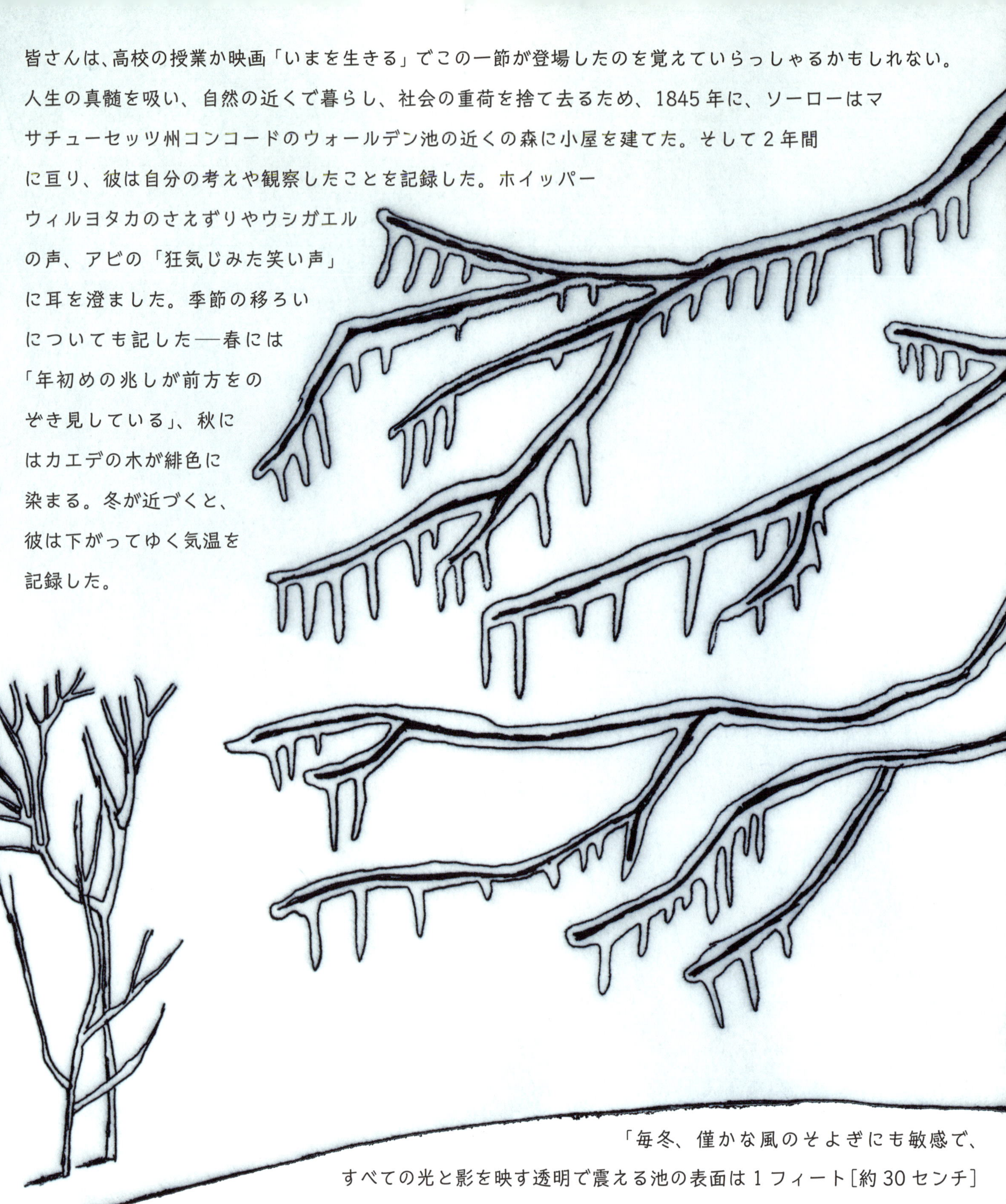

「毎冬、僅かな風のそよぎにも敏感で、すべての光と影を映す透明で震える池の表面は1フィート[約30センチ]から1フィート半[約46センチ]の厚さに固まる・・・私はまず、1フィートの雪、それから1フィートの氷をかき分けて、足下に窓を開け、水を飲むときのように跪き、磨りガラスの窓から差し込むような柔らかな光に満たされた、魚たちの静かな応接間を覗き込んだ。」

ウォールデン池の氷が厚くなるのに気づいたのはソーローだけではなかった。フレデリック・チューダーという男がコンコードの凍った水を眺め——そして現金（コールドキャッシュ）を思い描いた。

チューダーは、ジョン・アダムズ［アメリカ第２代大統領］に仕え、ジョージ・ワシントンとともに戦ったボストンの由緒正しい上流階級の判事の三男だった。フレデリック・チューダーは、父や兄たちのようにハーバード大学には進学せず、13歳で学校を中退した。1805年、21歳になる頃までに、チューダーには事業計画があった。凍ったニューイングランドの水を収穫して、何千マイルも離れた熱帯に輸送し、そこで珍味として、薬として塊で売るのだ。彼は「必ず」大儲けできると信じていた。

チューダーの計画は嘲笑された。機械式の冷却装置の使用が広まるのは百年以上遠い先のことであった。彼の父はそのアイディアを「野蛮で破滅的」と考えた。ボストン・ガゼット紙は最初の輸送のニュースをお断りつきで報じた──「嘘ではありません。80トンの氷の貨物を乗せた船がマルティニーク島に向けて出港しました。」

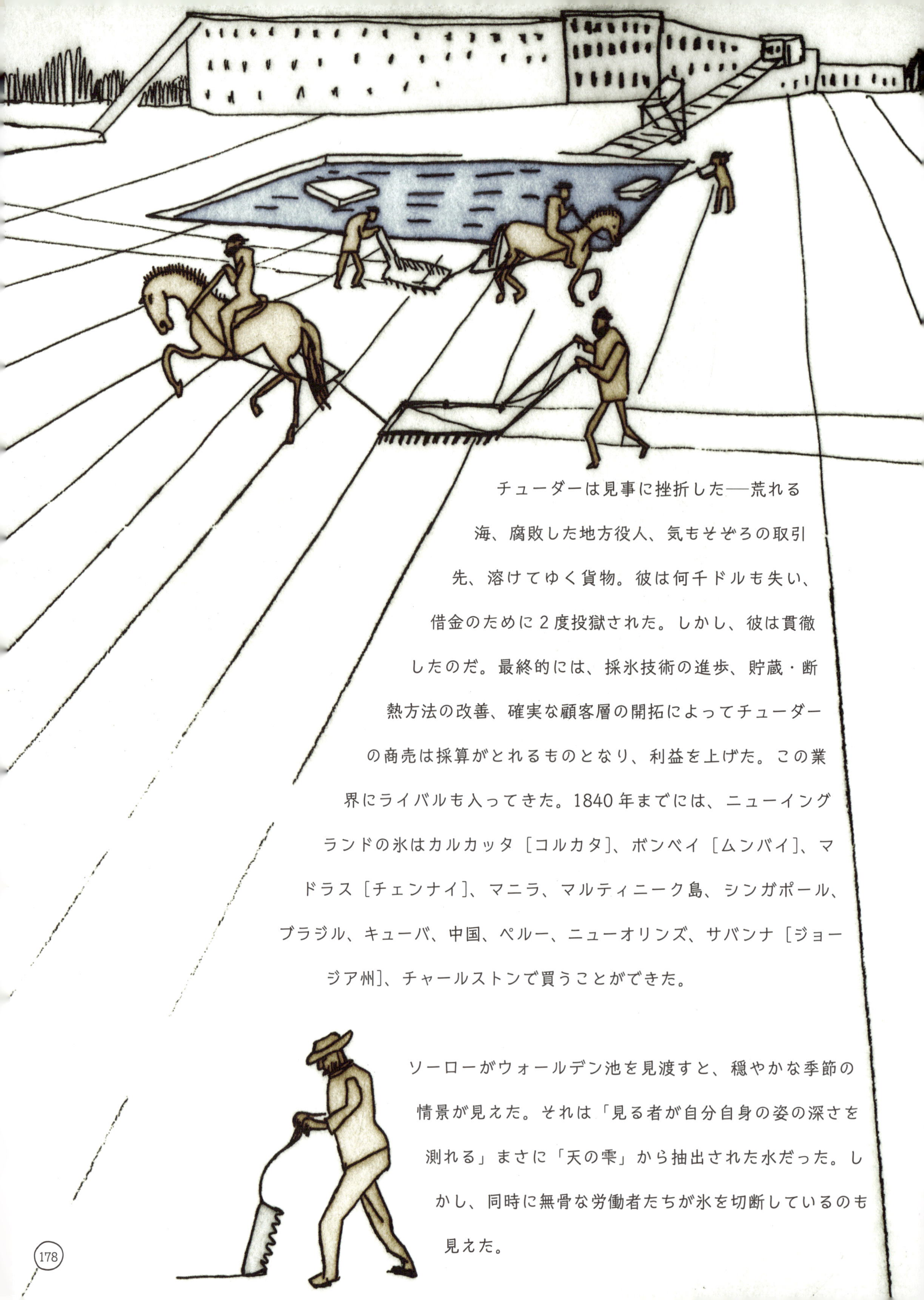

チューダーは見事に挫折した──荒れる海、腐敗した地方役人、気もそぞろの取引先、溶けてゆく貨物。彼は何千ドルも失い、借金のために2度投獄された。しかし、彼は貫徹したのだ。最終的には、採氷技術の進歩、貯蔵・断熱方法の改善、確実な顧客層の開拓によってチューダーの商売は採算がとれるものとなり、利益を上げた。この業界にライバルも入ってきた。1840年までには、ニューイングランドの氷はカルカッタ［コルカタ］、ボンベイ［ムンバイ］、マドラス［チェンナイ］、マニラ、マルティニーク島、シンガポール、ブラジル、キューバ、中国、ペルー、ニューオリンズ、サバンナ［ジョージア州］、チャールストンで買うことができた。

ソーローがウォールデン池を見渡すと、穏やかな季節の情景が見えた。それは「見る者が自分自身の姿の深さを測れる」まさに「天の雫」から抽出された水だった。しかし、同時に無骨な労働者たちが氷を切断しているのも見えた。

ソーロー：
「百人のアイルランド人とアメリカ人の監督員たちが、毎日氷を採取するためにケンブリッジからやってきた･･･良好な日には１エーカー［約0.4ヘクタール］あたり約千トン取れると彼らは言った･･･たまに、氷の大きな塊が、労働者のそりから村の道に滑り落ち、１週間も巨大なエメラルドのようにそのままになっていた。」

1884年、歴史家ジェームズ・パートンは氷の輸送を次のように記した。

「東インド諸島に着くまでに、氷は4、5か月船上に置かれ、1万6千マイル［約25,750キロ］の海水の上を渡り、2度赤道を越える。到着すると、4、5か所の独立した屋根に覆われた巨大な二重壁の家屋に保管される。また、氷は［華氏］90～100度［摂氏約32～38度］の温度で荷降しされなくてはならなかった。これらすべてにもかかわらず、最も遠い熱帯の海港の住民たちに1年中毎日、氷が供給されるのだ･･･船倉で水が凍り、船全体に最も厳しい寒さが浸透する1月の急な寒波の間に船に荷が積まれる。厚さ2フィート［約61センチ］のきらきら輝く氷の塊は、零下の気温の下、列車で湖から運ばれてきて、実際に見てみなければその凄さがわからない速度で船に積み込まれる。塊はおがくずの中に詰められるが、それはちょうど石壁にモルタルが使われるのに似ている。氷の一番上の層とデッキの間には、ぎっしりと詰まった干し草の層があることもあれば、りんごの樽（たる）があることもある･･･氷の船がカルカッタに到着する光景は、じつに爽快だ。土地の人々に氷の塊を扱ってくれるよう説得するまでに長い時間を要した。言い伝えでは、彼らは氷が魔法にかけられた危険なものなのだと思っていて、恐れて逃げ出したという。しかし、今では彼らは長い列になって船上にやってきて、各々が巨大な氷の塊を頭にのせ、ほんの数秒しかそれを空気にさらすことなく、迅速に隣接する貯氷庫へと運ぶ･･･ボストンで1トン4ドルの氷がここでは50ドルの価値となる。」

ソーロー：「こうして、暑さにあえぐチャールストン、ニューオリンズ、そしてマドラスとボンベイ、カルカッタの住民たちは、私の井戸の水を飲む･･･清らかなウォールデン池の水がガンジス河の聖なる水と混じり合うのだ。」

アメリカ人の起業家が氷の交易を産業化した。しかし、何世紀にもわたって、氷──そして雪──は貯蔵され売られていた。4千年前のメソポタミアでは、氷は冬から夏まで貯蔵され、銀行の金庫と同じくらいに用心深く防護されていた。

氷は裕福なメソポタミアの人々が切望する珍味で、彼らは飲み物を冷たくして楽しんだ。古代アテネの人々は、暑い日には蜂蜜と果物を混ぜた雪が買えた。ローマ人は、エトナ山──洞窟の中に雪が詰め込まれていた──からラバで運んできた雪でワインを冷やした。歴史家フェルナン・ブローデルによると、15世紀の巡礼者たちはシリアで夏の太陽の下、「雪のぎっしり詰まった袋」を目の当たりにして驚嘆した。ビクトリア女王は、1900年7月の名付け子の洗礼にあたり、ウィンザー城の貯氷庫の氷をバケツに入れて客の椅子の下と、おそらくは彼女自身のテントのような黒いスカートの下にも設置していたと言われている。

天候は氷や雪の形で触ることができ、小麦や塩やコーヒーと同じように売買できる商品であった。

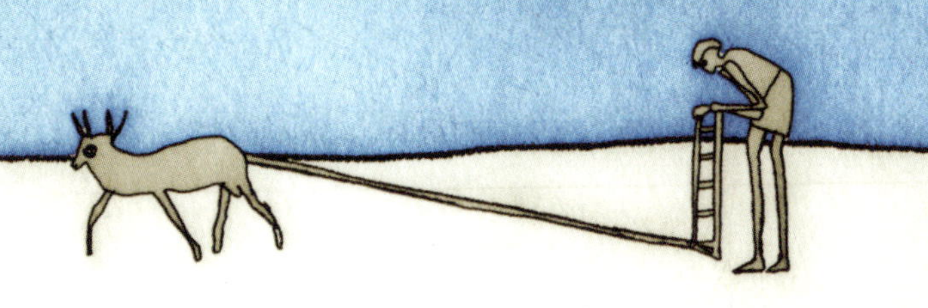

1997年、エンロン社は初めての天候デリバティブ取引、つまり公益事業会社にとって不利益な気温に備えたヘッジ取引、を行った。仮想の天候が商品になったのだ。今日、天候デリバティブは120億ドルのビジネスだ。投機ができる環境にあって、未来の天候の不確実性が価値を生み出し、リスクと報酬をもたらすのだ。

アメリカ気象学会が刊行した2011年の論文は、2008年に天候がアメリカ経済に及ぼした影響は4,850億ドルで、同年のGDPの3.4パーセントと算出している。年間GDPの3分の1と、天候の経済における重要性をはるかに高く評価する見積もりも存在する。

ブラッド・デイビスはカンザス州オーバーランド・パークを拠点とする天候危機管理会社、MSI天候保証有限責任会社の社長だ。この会社は天候保険と天候デリバティブ商品を扱っている。

ブラッド・デイビス：「経済的な理由で、悪天候を好む人たちがいます。除雪業を営む人たちは、吹雪を必要としています。傘を売る人たちは、雨を必要とするのです。」

「夏に電気を売る会社は、暑い夏を望みます。仮に、7月に華氏100度［摂氏37.8度］の平均気温を望んだとします。その場合、7月の平均気温が85度［摂氏26.7度］しかなかった場合に支払われるオプションを購入できます。」

「建設会社は夏に暑さを気にすることはないでしょう。人は暑い時も働きますからね。でも、きっと雨を心配するでしょう。建設業は雨で遅れる恐れがありますから。その業界の方々は、その時期に過剰な降雨があったときに支払われるという購入契約を結びました。」

「空は天候によって影響を受けるものと天候デリバティブがカバーできるものの上限です。 気象現象が起こったり起こらなかったりしたときに、支払いを受け取る権利──あるいは支払う義務──を売買しているのです。技術的には、天候は保証できません。しかし、不都合な天候になってしまったとき、あなたが資金的にずっと気分よく感じられるような契約を私たちは構築できます。」

天候関係の保険は伝統的に、洪水、竜巻、ハリケーンといった災害への対策として使われてきた。天候デリバティブはビジネスを、収益に影響を与えかねないありふれた温度偏差から切り離し、さほど大規模ではない状況による影響の軽減を約束するものである。それはまた、投機の手段としても使われる。つまり、保険が損害を補填（ほてん）する一方で、天候デリバティブを購入すれば、単なる補償以上の見返り──好天候、悪天候にかかわらず天候がもたらす利益──を期待できるのだ。

社会評論家たちは、人びとが天気事象を食い物にしているその他の方法について特定している。作家で活動家のナオミ・クラインは、例えば、ハリケーン・カトリーナの後のニューオリンズの開発機会を利用しようと飛び込んできた起業家たちによる不当な利益搾取を表すのに、「災害資本主義」という言葉を作った。

プラナリティックス社の敷地はペンシルベニア州のバーウィンにある。1777～78年にジョージ・ワシントン将軍率いる大陸軍が厳しい冬を耐え忍んだバレー・フォージ国立歴史公園からの道を少し行ったところだ。

駐車場の周りの地面は、チューリップ、カバノキ、シダレヤナギの木々が茂る日陰になっている。緑の池には3つの噴水が音を立てている。

プラナリティックスは「ビジネス天候インテリジェンス」という、「天候の影響を会社が理解し、最大限に活用するために必要な実用知識」を顧客に提供している。

プラナリティックスは売上データと天候の記録を相互参照し、直感的に理解できないか明白でない関係を調べている。それが認識されると、気温あるいは降水量──あるいはその他の気象現象──と消費者行動との間の相関関係が企業戦略につながるかもしれないのだ。プラナリティックスの顧客リストにはコカ・コーラ、ペプシコ、ダウケミカル、バイエル・インターナショナル、ブルームバーグ、キャタピラー、コンアグラ・フーズ、ダスキン・ドーナツ、エクイタブル・ガス社、ヘインズ、ハインツ、ジョンソン・アンド・ジョンソン、ジョン・ディアー、リーバイ・ストラウス社、ペイレス・シューズ、ペットスマート、ライトエイド、スターバックス、ユナイティッド・ファーマーズ協同組合が名を連ねる。フレデリック・フォックスはプラナリティックスの共同創立者で最高経営責任者だ。

フレデリック・フォックス：「我が社にはフロリダに多くのスーパーマーケットを持つ顧客がいます。ハリケーンの予報があると、最も売れるものは何でしょうか？　売上ナンバー・ワンの商品。それは水でもロウソクでもマッチでも電池でもないんです。缶詰製品でもありません。」

フレデリック・フォックス：「フライドチキンです。それがナンバー・ワン。確かに水は完売です。でも、フライドチキン？　本当？　でも、店のデータはそう示しています。だから、スーパーマーケットの会社は嵐の数日前の警告を欲しがる。十分なフライドチキンを作って多くの注文を受けようと、ひと足早くジョージアとカロライナの養鶏所に行っておきたいわけです。」

「スーパーマーケットは嵐の予報に基づいて販売しています。誰も降雪のために実際の商売の日を失いたくありません。それこそ最悪（パーフェクト・ストーム）です。東海岸を襲うハリケーンの脅威と同じで、売り上げが増加し、嵐が海に出てゆけば、皆が幸せになる。誰も痛い目に合わなかったし、買い物日が中止になることもなかったから。」

「男物と女物のブーツを見てみましょう。9月か10月の最初の寒気では、女物のブーツの売り上げが急増する。1年の中でその時期はアメリカの多くの地域ではまだ気候が良くて、男物のブーツの売り上げはちっとも動かない。男物のブーツの売り上げは、シーズンのもっと後、10月か11月の本当に寒くて雨がちで、男性のソックスが濡れるようになる頃になって動きだします。」

「購買層を見るならば、例えば、タンパとマイアミの関係です。フロリダのそのあたりで良い天気──晴天で暖かい天気──だとします。すると、タンパの売り上げは増加し、マイアミの売り上げは減少します。もし、雨ならば、マイアミの売り上げは増加し、タンパの売り上げは減少します。何が起きているのでしょう？　そんなはずはない、この2都市は数時間の距離で、同じ気候で、基本的に同じ気温なのだから、そんなに違うなんてありえない。マイアミの購買層は若い。彼らは良い天気なら屋外に出る。そして悪天候なら買い物に行く。シアトルではほとんど晴天の日がないので、雨の日に買い物をする。晴天なら、それは珍しいことなので、皆買い物ではなく、屋外に出て楽しむのです。」

「昨年、ニューヨークのほとんどの小売店では、いつ春のセールが始まったのでしょうか？　4月です。今年はいつ始まったのでしょう？　2月末です。5、6週間近くの差があります。これは大きい。すなわち、販売シーズンについていえば、地震のような変化といえます。国内の東半分では春が早くやってきました。2月に暖かくなったのです。そのせいで、例年よりもずっと早く売り上げが伸びます。売り上げの数値が大きくなります。それはハリケーンの百倍もの大きな効果をもたらします。経済学者や人々は『おや、景気が戻ってきたぞ』と言います。しかし、我々はこのシーズンの後半の天候が良くないと予想していました。前半で増加した売り上げも今や落ち込み、人々が『景気が良かったのに、今は悪くなった』というのを耳にするでしょう。我々は落ち着いてこう言います。『これら多くを動かしているのもまた天候なのだ。店舗レベルの経済を動かしているのは、週単位の微妙な寒暖の変化なのだ』と。」

「なぜイスラエルの民はエジプトに行き着いたのでしょう？　それは、彼らがヤシの木が好きだったからではありません。干ばつのためです。ヤコブと彼の子供たちは飢えていたからこそ、エジプトに移住したのです。ヨセフは干ばつを予知した。ファラオは実際彼の言うことを聞き、すべての農園を彼に委ねた。彼らは穀物倉を作り、強大な権力を持つこととなった。」

「ことわざの通り、備えあれば憂いなしです。今我々がしようとしていることは、顧客に、販売台数、金額、利鞘（りざや）、在庫など、我々が追跡しているすべてのビジネス指標について、わかりやすい形で事前に警告することです。」

「ヨセフが持った大きな力は、現在の大きな力です。これこそが、情報化時代のすべてです。我々は、その中から天候のようなどこにでも存在するものをほんの少し取り上げて、使える形にして提供しているのです。」

ウォールデンでは、
ソーローはラルフ・ワルド・エマーソン所有の土地に住んでいた。
1847年3月付けのソーローへの手紙の中でエマーソンは、
氷の売買が自分の所有する地所の価値にもたらす影響について
次のように考えた。

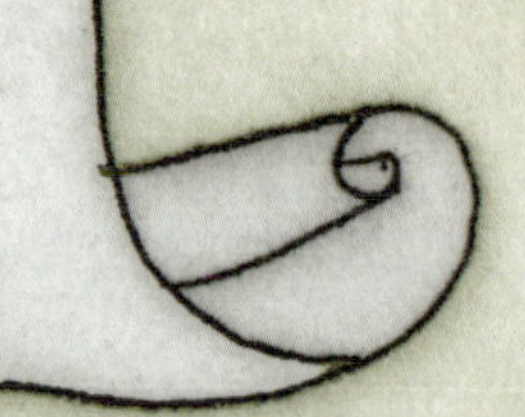

「ウォールデン池のほとりの私の植林地が間もなく値上がりすることを見込んでいないわけではない。というのも、この数週間に、チューダー氏がアイルランド人のごろつきどもを連れて我々のところを侵略し、池から10,000トンの氷を取っていったからだ。これが続けば、彼は、私が概して評価している目的のために私の植林地を台無しにしてしまうだろう。
だから私は喜んでそれを売るつもりだ。」

気まぐれな天候と技術進歩により、エマーソンの投資は不要になった。機械的な冷蔵は1860年代から徐々に利益を上げていった。1890年代までに、蒸留、精製、凍結プロセスが自然氷産業を脅やかすほどに改善された。製氷業者は、天然氷が腸チフスその他の病気を引き起こす可能性のある「腸内細菌」を含んでいる、という宣伝戦略を開始した。冬の気候変化によって、自然氷の供給が不安定になった。1906年、ニューヨーク・タイムズ紙は次のように報告している。

「寒波が来て、それがこれからの6か月間に何度もやって来ない限り、ニューヨークは来る夏、氷の飢饉に直面するだろう。」

気候が暖かくなって、氷の需要は増えたが、供給は減った。供給が安定しないということは、価格が不安定であることを意味する。機械式冷蔵庫の中は1年中冬だ。1920年代までには、自然氷の商売は干上がっていた。

第11章

楽しみ

「実のところ悪天候などというものはなく、
別の種類の好天候だけが存在する。」

— ジョン・ラスキン

ハリケーン・アイリーンとサンディーがやって来た時、ニューヨーカーたちは、嵐からの避難所をロマンスとセックスに求め、Craigslist.com に個人広告を掲載した。

「ハリケーンがニューヨークを破壊するなら、一緒に見物しようよ）- m4w - 30（クイーンズ、ブルックリン、マンハッタン、ブロンクスなど）：天気予報通りなら、アイリーンでニューヨークはめちゃめちゃになる…僕はこの日曜日の朝のハリケーンを見ながら、きれいな女の子とコーヒーを飲める最高の場所を見つけるつもり。もしその子が君になるのだったら、連絡して ;-)」

「ハリケーンが外で荒れ狂っているときにやるのって、どれくらいホットだろう？　きっとすごく・・・急げ、サンディーが来るぞ！」

「今ソーホー避難所で会った - m4w - 38：君がこれを見ることはないだろうけど、まあいい。特にハリケーンで避難中に超ロマンチックになれるんだし。君は今まで会った中で最も素晴らしい女の子だ・・・もし嵐から生き残れたら、もらったばかりの政府支給のチーズスナックを握りしめて共に分かち合った涙を思い出すことだろう。」

ベンジャミン・フランクリンは、空気浴——開いた窓の傍らに裸で座ること——の提唱者だった。「私はほとんど毎朝早起きして、一切服を身に着けず、季節に応じて半時間ないしは1時間、本を読むか書き物をしながら、自分の寝室で座っている。」アメリカ自然史博物館の主任古生物学者、マーク・ノレルはモンゴルの砂漠の砂嵐の中で、フランクリンのさわやかな儀式の変化形を楽しんだ。「すべての服を脱いで、そこに立つ。砂が身体の上を走り抜けるとき、静電気が発生する。自分はただ砂に打たれているだけ。髪がすべて直立する。」

ヨーロッパの小氷期に河川や運河が凍結すると、一時的なカーニバルの街が氷上に現れた。ベネチア、アムステルダム、ロンドンでは「霜祭」が開かれた。そのアトラクションには、ブルベイティング［雄牛と犬の対決の見せ物］、ベアベイティング［熊と犬の対決の見せ物］、競馬、弓矢の見せ物、人形劇、音楽、フットボール、祝宴、酒飲み、遊郭などがあった。 ある17世紀の詩はロンドンの霜祭を描写している――「氷の上にそんな気まぐれ テームズ河を楽園と 信じた輩もいたくらい」

天気予報は情報以上のものを提供できる。色々な世代のイギリス人が、BBCラジオ４で毎日４回放送される海洋気象最新情報「海上気象予報」の穏やかなリズムに癒しを感じてきた。
「何語でも良いので、何か海上気象予報の詩に相当するようなものはありますか？」とある記者がガーディアン紙で尋ねた。「アナウンサーの声は･･･すべてを知り尽くし、安らかで･･･この世の猛威から私達を守ることを気に掛ける神の声だ･･･『ヘブリディーズ諸島のロッコール。南西の強風８から暴風10、南へ向きを変え強風９から激しい暴風11。雨のち突風を伴うにわか雨･･･南東アイスランドのフェロー諸島。北風７から強風９、のち時々暴風10。大雪。』平穏さの中に描写された広大さと猛威。これはまさに詩だ。」

降ってくる雪片は音波が移動する距離を制限してそれを妨害し、吹雪を伴うくぐもった静寂さの一因となる。地面に積もる新雪は空気を含む多孔質で、音はさらにその空気ポケットに吸収される。そして気温がその効果を高める。音は暖気の中でより速く伝わる。雪が降ると、地表近くの空気は通常上方の空気よりも暖かく、音波を聞こえない所へ、大気中へと上方に曲げる。トルーマン・カポーティは『ミリアム』(1945年)の中で書いている——「雪は1週間続いた。まるで青白く、入り込めないカーテンの向こうで秘密の生活が営まれているかの如く、車輪と人々の歩みが音もなく通りを動いていた。」

「彼らは今、そのために走らなくてはならず、家に到着したときにはすっかりずぶ濡れだった。稲妻と雷鳴はまだ続いていて、雨は地表付近と彼らの家の向かいの小屋の茅葺き屋根の上で煙のように見えた。雷鳴が、まるで雲の上のような空中のとても高いところから聞こえることもあれば、道の地面の下から聞こえることもあった。ほんの数分前には青空と、雪に覆われた岩のようにほとんど微動だにしない堂々とした雲の好天だったのが、今や1枚のどんよりした鉛色の覆いだった。1時間ほどでそれは明るくなり、さらに1時間経つと、彼らは、嵐の雲の尾に黄金の太陽が触れるのを振り返りながら遠ざかってゆくのを楽しんで見ていた。時々、それほど大きくはない、嵐がまだ止んでいないような音が聞こえたが、終いにはそれも遠ざかり、雷鳴が低く不愛想にゴロゴロ鳴るだけになった。かつて彼らの頭上や近くにあった時に、怒っているように見えた雲は、岩と断崖、深い窪みや大きな洞窟のある雪山のように輝いていた。家族みんなで、空気がこんなにも心地よく涼しく、穏やかになったことを話し、太陽の光を浴びて草や木の葉、花々が新鮮に輝いている様子を称賛した。そして、雨上がりの大地の匂いを嗅いで楽しんだ。

— チャールズ・カウデン・クラーク『庭師のアダム』、1834年。

乾燥した気候では、岩や植生に油が溜まる。雨は油と共に、大気を芳香で満たす新鮮な大地の香りを放出する。1964年の『ネイチャー』誌の記事で、鉱物学者のイザベル・ジョイ・ベアとR. G. トーマスがこの香りを「ペトリコル」(petrichor)と名付けた。petr-(ペトル)は岩あるいは石を意味し、ichor(イコル)はギリシャの神々の静脈を通ると言われる芳香性の液体を表す言葉である。

「あのピンクの雲をひとつ捕まえて、
そこにあなたを押し込んで転がした
い。」

―F・スコット・フィッツジェラルド

第 12 章

予測

1953年6月10日の朝、食料品屋のチャールズ・ゴラブは、

4歳の娘のロビンをドライブに連れて行った。彼は前日、彼らの住む

マサチューセッツ州ウースター郡を襲った竜巻の被害を見たかったの

だ。竜巻はウースター郡を1時間半の間回転しながら通過し、

幅が1マイル［約1.6キロ］に達することもあった。

94人が犠牲になり、15,000人が家を失った。

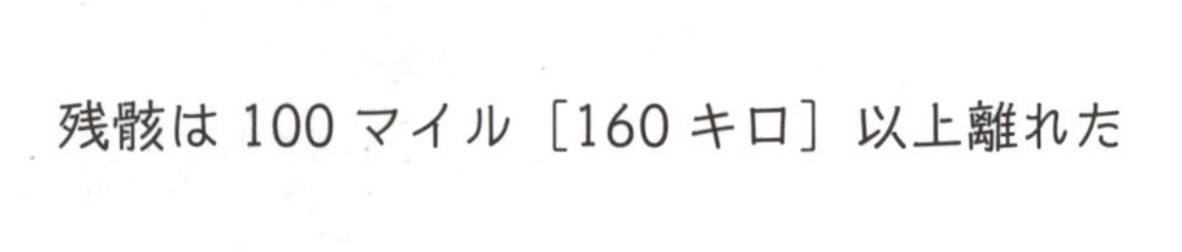

残骸は100マイル［160キロ］以上離れた

ケープコッドのイースタムまで飛ばされていた。

今や大きくなったその少女は、翌朝の車窓から父親と見たものを断片的に記憶している。

「私はぎざぎざに折れた木材や屋根が吹き飛ばされて開いた天井、家の

側面が開いていて、覗くとベッドルームが見えて、いくつもの

マットレスが

通りにあったの

を覚えている。

知り合いの 12、3 歳くらいの少女が、

嵐が来た時窓を閉めていた。彼女は身を乗り出した時、

窓がバタンと閉まって、首の骨を折ってしまった。

大人たちがそのことを話していたのを

覚えている。」

ウースターの気温は6月6日に華氏90度［摂氏約32度］に達した。夏が始まってもいないというのに珍しいことだったが、翌日から、華氏70度代半ば［摂氏約24度前後］まで急降下した。中西部は雷雨になっていて、竜巻が次々とミシガンとオハイオを襲った。暴風域が東方に押しやられると、ボストンのローガン空港の気象局はマサチューセッツでも竜巻が活発になる可能性があることを確認した。しかし、ニューイングランドでの予報で「竜巻」という言葉が使われたことはなかった。政府当局者は慎重に議論し、パニックを恐れて警告を発しないことに決めていたのだった。火曜日の勤務時間の終わりに竜巻がウースターに到着したとき、人々に準備する時間はなかった。

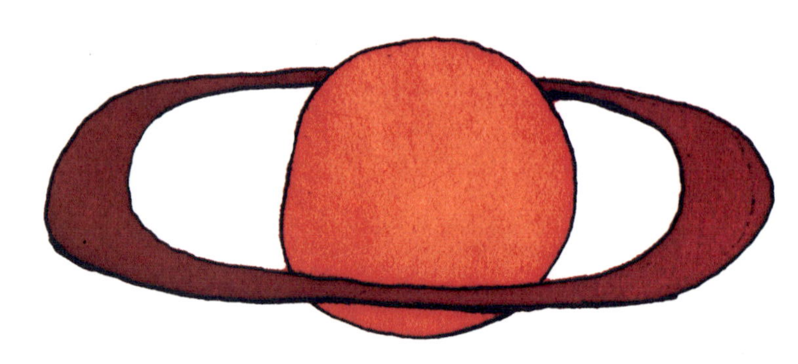

しかし、ある出版物は、既に竜巻を予見していたと主張した。毎年9月に刊行される『老農夫の暦書（オールド・ファーマーズ・アルマナック）』には、米国全土をカバーする1年分の天気予報が載っている。1953年版には、6月の第1週の予測が、この暦書特有の韻を踏んだ2行連句で書かれていた。──「雨を伴う強い突風。しかしそれにとどまらず。」『暦書』には、それから天気は、ひと言「たちの悪い」ものに変わる、と書かれている。

竜巻の後、読者たちは『暦書』を称賛した。60年経った今もなお、『暦書』の編集者たちはその天気予報の驚異的な正確さの例として、「雨を伴う強い突風。しかしそれにとどまらず」を引用している。

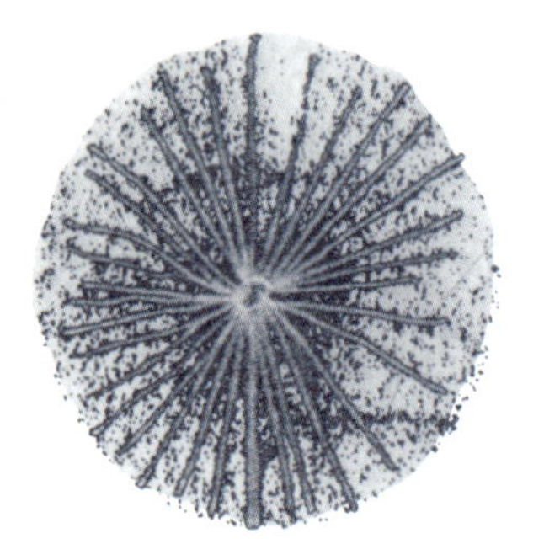

『老農夫の暦書』は220年以上に亘って天気を予知してきた。『暦書』は鉄道と電灯を予知している。1792年に第1号が刊行されたとき、米国の州の数は15で、大統領はジョージ・ワシントンだった。

中世以来、人類は月、太陽、惑星の動きを図示した「天の暦」としての暦書を発行してきた。一般的に、これらの本には、高潮と干潮、日の出と日の入りの時刻、そして翌年の天候予測が載っていた。聖書の印刷の何年も前に、グーテンベルクは暦を印刷した。アメリカの植民者の家庭にある本は大概、聖書と暦だけであった。暦は種まきや収穫、家畜の世話に不可欠な助言を提供した。民間療法、駅馬車の時刻表、主要道路と道路沿いの宿屋の名前も載っていた。アメリカ古物収集家協会の膨大な暦コレクションの目録を作成した同協会のリチャード・アンダースによれば、「暦に普遍的テーマがあったとすれば、それは、いかに人生を生き抜くかであった。」

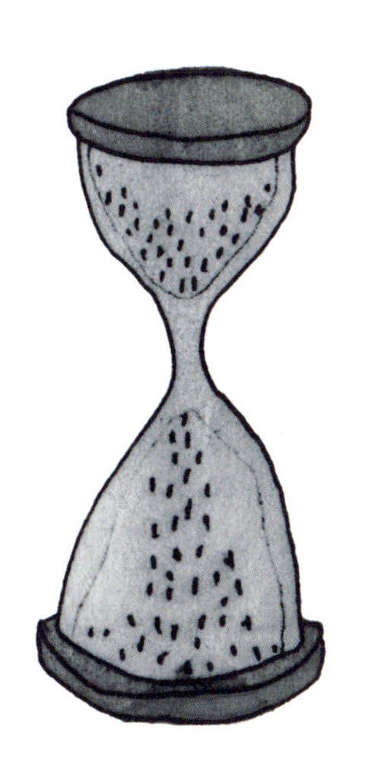

『老農夫の暦書』の暦のページには、おなじみの情報がすべて載っていた。それは新しさも約束した。創刊号(1793年号として1792年に出版)ですら、その扉に「改訂新版」と謳っていた。格言と寸言がちりばめられた『暦書』は、34年前に廃刊になっていたベンジャミン・フランクリンの『貧しいリチャードの暦』の、物知りでドライなハイ・ヤンキーの口調に合わせた。『貧しいリチャード』は読者に「魚と客は3日後に悪臭を放つ」や「急がば回れ」といった助言をした。『暦書』では、「貧しいネッド」が「戸口に貧困がやってくると、窓から愛が逃げる」と警告した。両書とも、倹約や結婚、思慮深さの美徳を称えた。『暦書』は「心地よい程度のユーモアがあって役に立つ」ことを約束した。今日に至るまで、『暦書』の左上隅には吊り下げて使えるように、穴が開けられている。元編集者ジャドソン・ヘールによれば、「これは本棚に飾っておく本ではない。」近年、年間発行部数が3百万部を超えた。今や『暦書』は、Facebook、Twitterアカウント、および多数のモバイルアプリを保有している。

1806年号で、創設者で編集者のロバート・B・トーマスは読者に向けて、「天候ほど普遍的に興味をもたれる話題はない」と語り、天気予報に欠かせない7つの「主要な兆候」を列挙した。それらは、「以前の天候状態」、「大気のうねり」、「空の外見の色」、「雲の様子」、「風」、「気温の変化」、「太陽と月の外見の色など」である。トーマスは「秘密の予測公式」を考案し、それは今日に至るまで、ニューハンプシャー州ダブリンの『暦書』の本部の黒いブリキの箱に保管され、未だに天候予測の拠り所となっている。トーマスはこの公式に基づいて、例えば「この季節にしては大変良い」といった天気を読者に期待させるよう伝えることができた。

後の編集者はもっと簡潔だった。ロブ・サゲンドルフは1939年に『老農夫の暦書』を買収した。サゲンドルフが担当した時期の典型的な予測は、全国、どの季節でも「穏やか」あるいは「湿った」または「霜の多い」気候を宣言していた。1人の読者がもっと特定してほしいと訴えて投書してきたとき、サゲンドルフは答えた。

> 「貴方は、1947年12月にニューイングランドに降った雪片の実際の数を求めていらっしゃいます。我々スタッフは、数えた実際の数はかなりの数字になったものの、バーモント州ストウの近くのマンスフィールド山の東側に落ちた雪片のいくつかが、地面から吹き上げられたもの（既にカウント済みのもの）と混ざってしまったために不正確になってしまったと報告しています。申し訳ございません。」

サゲンドルフは、自分の予測の80パーセントは正確であると主張した。『ライフ』誌は1966年の記事で、彼の手法を次のように描写した。

> 「彼は太陽黒点のサイクル、ハリケーンや嵐のサイクル、ブルックナーの（35年の）天候サイクル、聖書の40日間のサイクル、そして立派な格言からとったいくつかの情報（「激しい冬は数十年で過ぎる」など）といった、自分が天候について気を付けている一連のサイクルから始める。それからその年を、春、夏、秋、ハリケーン、北東の嵐、寒波、吹雪、猛吹雪、竜巻の順に分割する。また、海洋温度、暴風雨の進路、平均的な天候もチェックする。最後に、1792年より『暦書』の代々の編集者に引き継がれてきた手引書『日々の書』に記されている神秘的データを調べる──これが秘密の公式である。」

サゲンドルフは彼の努力について控えめで、「これは科学ではない。正直なところ、それが何なのかわからない」と述べた。しかし、彼はハーバード大学の天文学者と提携し、終いには専任の予報士にNASAの科学者を雇った。サゲンドルフと後任の2人の編集者の下で、『暦書』は「最先端の技術と現代の科学計算を使ってその式に磨きをかけ、強化した。」しかし、サゲンドルフは『暦書』の予測がかすかに占いがかっていることを認識していた 。「私はほとんど確信しているのだが、『老農夫の暦書』のように古くから続いてきた慣習には何かしら神秘的な性質があって、そのせいで、いかに避けようとしても、時折予言めいた雰囲気が出てきてしまうのだ。」

『暦書』の1963年11月のページ（1年以上前に書かれたもの）では、今月の「カレンダー・エッセイ」──潮の干満と月の周期の表の右側の細長いコラム──が寓話ともとれる謎めいた話を物語る。

地主がパイプを吸い

息子と話をする。

青いカケスが

「大惨事だ、

大惨事だ」

と鳴く。

地主は美しい秋の日と

静かに落ちる

木の葉を楽しむ。

「まだ死んだ
世界では
なかった。」

地主が
自分の幸運を
語ると、
鳥が飛んでいく。

「世界が物事を
そのままにしておく
のが聞こえるく
らい、
静かだった。」

この部分の物語の文章は、カレンダーの日付に沿って下方へと綴られ、11月の第3週に近づいてゆく。息子は動乱の世界に住んでいながら幸せに思う不快感を嘆く。彼は父親に「夜とともに」──ここでジョン・F・ケネディ大統領暗殺の日の11月22日の行に到達して──「おそらく殺人が起こる」と話す。月の残りの8日間、『暦書』は嵐、雨、雪、風、霧といった大混乱の天気を予見する。また、11月25日にはジョン・F・ケネディ・ジュニアの3回目の誕生日と記されている。このページの1番下には、「今月は満月が2回──犯罪を警戒せよ」という追記がある。

1970年にロブ・サゲンドルフが亡くなると、甥のジャドソン・ヘールが引き継ぎ、182年続く『老農夫の暦書』の第12代目の編集者となった。ヘールはその12年前に『暦書』で働きはじめ、読者からの手紙を書いていた(「たいていの読者からの手紙はつまらなかったので、面白い手紙を書かなくてはならなかった。私は、入力担当者宛てに手紙を送り、彼らはそれらを正当なものと思っていた。」)2000年以来、ヘールは『暦書』の名誉職のような地位に就き、今もオフィスに来ている。2011年の11月のある日、当時80代初めのヘールは、色とりどりのチェック柄のシャツとコーデュロイのズボンに、ツイード・ブレザーを着て、籐(とう)のバスケットに所持品を入れて出社した。

ジャドソン・ヘール：「ケネディの暗殺を予測するつもりはなかったのだが、多くの人々がそのように解釈した。我々のところに世界中から手紙が来た。彼は金曜日に銃撃されたが、そこには『夜とともに、おそらく殺人が起こる』と書かれている。その通りだ。『夜とともに、おそらく殺人が起こる』私はそれについて、執筆者のベン・ライスに尋ねた。すると彼は『ああ、ちょうど11月について面白いと感じてそう書いただけさ。なぜだかわからない』と言った。『空気の中にそれがあって、彼はただそれに同調したのだ』と言う人もいた。誰にもわからないよ。」

1858年、アブラハム・リンカーンという若い弁護士が、殺人罪で起訴されたウィリアム・「ダフ」・アームストロングを代弁した。目撃者は、前年の8月29日、アームストロングが被害者を殺すのを満月の明かりで見たと証言した。法廷で、リンカーンは証人に1857年8月29日の暦の記載を読むよう依頼し、陪審員にそのページを見せた。『老農夫の暦書』には、「月が低く昇る」と書かれていた。これが科学的証拠になった──目撃者が犯罪を見るのに十分な明かりはなかった、とリンカーンは言った。被告は無罪となった。

第二次世界大戦中、1942年の『老農夫の暦書』をポケットに入れたドイツのスパイがニューヨーク市のペンシルベニア駅でFBIに逮捕されると、アメリカ検閲局はドイツ人が重大な機密情報にアクセスしていることを明らかに懸念した。当局は、アメリカ報道機関戦時倫理綱領に基づいて、『暦書』に天気「予報」に代えて天気「暗示」をするよう依頼した。

『暦書』の編集者たちは、雑誌の歴史と信頼性の評判を誇って、こういった話を繰り返す。しかし、それはウインクしながらである。ナチスが実際に『老農夫の暦書』の予測を利用していると示唆されたとき、ロブ・サゲンドルフが「きっと利用していたのだろう。だから彼らは戦争に負けたのさ」と述べたことが知られている。ジャドソン・ヘールは、リンカーンの物語を語るとき、(『暦書』のお陰で無罪になった)被告が死の床で殺人を犯したことを告白した、と付け加えている。

ジャドソン・ヘール：「私が中でもよく受ける質問は、『この冬はどんな感じになりますか？』だ。次に多い質問は、『いったいどうして＜暦書＞は今も出版され、成功し続けているのか？』だ。」

「どちらの答えも私は知らない。冬らしい気候になって、それから春になると言うのが好きなんだ。それで、私の答えはいつもどんぴしゃりだった。それから真面目に我々の予測を伝える。なぜ長続きするのかと言えば、それは変わりゆく世界の中で、長年かけて、人々が『暦書』を旧友と考えるようになったからだと思う。私は『暦書』のすべてが毎年新しいということに注目してもらおうとしている。しかし、体裁、見た目、編集の仕方、表紙といったものは変わらぬ友のようなもので、人々をほっとさせるんだ。」

「私は朝食テーブルに1冊置いている。私はいつも好奇心が強い質でね。『今日はどこかな？』そしてそれを見て方向性が決まる。そうだ、明日は満月だ。またそれは、宵の明星が何か、日の入り日の出がいつかを教えてくれる。それで、『ああ、我々は確かに普通の宇宙に住んでいるんだ。人生は日常が示すほどややこしくないのかもしれない』と思うのさ。」

「最初に出た時は、『プレイボーイ』誌のようなものだった。つまり、ニューヨーク・タイムズ紙に似た雑誌みたいなものだった。それは、人々が週に1回通りがかるワゴンから雑貨などを買うときついでに買ってくようなもの。明かりがない時代を想像できるかな？ 1年のこの時期、暗くなると本当に暗かった。ろうそくやランタンを点けなくてはならなかった。そんなとき、『暦書』はいつ暗くなるのかを教えてくれたんだ。」

ヘールのオフィスは彼が編集者だった30年間の思い出の品に満ちあふれている。壁にはキルトや絵画がかかっている。チョート・ローズマリー・ホール［名門寄宿制学校］と、1955年にヘールが学部長とその妻に嘔吐したかどで追放されたダートマス大学の卒業証書がある。（のちに米陸軍で務めを果たしたのち、復学し、最終的には卒業した。）1984年のデトロイトでのウォルター・モンデール大統領候補の選挙集会のチラシ、ゴムのニワトリのおもちゃ、旧式の電話機、ボストン・セルティックス［バスケットボール・チーム］のTシャツがある。ヘールの家族、テッド・ウィリアムズとドム・ディマジオ［野球選手］、雪のニューイングランドの写真もある。

部屋の片側を占めているのはヘールの「歴史の証拠博物館」だ。この博物館には遺物の入ったチャック付きビニール袋や蓋を開けた宝石箱でいっぱいの４つの棚がある。それぞれの展示品の隣には、白い手書きの説明カードが置かれている。「ジョニー・アップルシードの家の果樹園から」というラベルの付いた木切れがある。「恐竜の砂肝の化石」、「アーサー王の城の遺跡」からの石、「伝説都市トロイ」の石、アラモの砦の石、ストーンヘンジの石もある。チャールズ・リンドバーグの飛行機「スピリットオブセントルイス号」の破れた布の寄せ集め、ナポレオンの刺繍のハンカチの入った箱。（ヘールいわく、「そのハンカチはハンカチとしては使わない。くしゃみしそうな時にそこにあったら、それをつかむかもしれないが、そうでなければ、完全に展示用だ。」）ポール・リベレが作った銅球、黄ばんで水浸しの文字の読めない２枚の便箋── １枚には「J．P．モルガンからの手紙」、もう１枚には「タイタニック号からの手紙」と表示してある。

これらの遺物の信憑性について尋ねられて、ヘールは言う。「本物かどうかなんてわからない、まさに『暦書』みたいなものさ。」

GOLDWATER
MILLER
These pebbles were taken from RED SQUARE in Moscow. June 87.
The thief was Chris Hale, noted idealist and free thinker
BRICK & PLASTER FROM THOREAU'S WALDEN POND HOUSE EXCAVATED BY ROLAND WELLS ROBBINS IN 1945
#3

An Albino Carrot (very rare)
AUTHENTIC UNCLE SAM DIRT BAG
SOIL DUG BENEATH ORIGINAL BARN
AT LAST: Twist and Shout!
BEATLES' HAIR!
SUPPLY IS LIMITED
BELIEVE IT
YEAH! YEAH!

ジャドソン・ヘール：「大嵐がきて、たくさん電話がかかってきて、『あんたたちにはその吹雪がわかったのか？』と言われた。『暦書』には見るところが3箇所ある。それを見て、我々は、おや、局地予報は外れだったな、と思った。ニューイングランド地方では、外していた。さて、全国予想はどうか。どれどれ、全国予想も外れだ。では、暦のページを見てみよう。よし、そこには『冬らしい』とかなんとか書いてある。じゃあそれで行こう！ まあ、80 パーセント正確というところか。『老農夫の暦書』は伝統を非常に重んじている。そして、この 80 パーセントを求めるのが伝統なんだ。」

「毎月我々は気温予測と降水量予測を行うが、それは平均以上か平均以下、または平均のいずれかとなる。もし、平均以上という予想で、平均以上と判断された場合、それが 1 度以上でも 10 度以上でも正確だったと数える。それでも我々の本では正確なんだ。そうやって見てみると、年間 85、90 パーセントの正確さになることはよくある。非常に正確なんだ。」

「アメリカ国立測候所は、2 ～ 3 か月前にそれを行っていると思う。我々は 8 ～ 9 か月前にやっている。測候所は我々の結果をコピーしていると思う。」

オクラホマ大学ノーマンキャンパスの米国気象センターの外壁には、ラテン語が刻まれた銘板が掲げられている。“TOTUM ANIMO COMPRENDERE CAELUM”──それは「空全体を心でとらえる」という意味だ。この建物には天候ブレーンの複合体がある。米国海洋大気庁の暴風研究室は 2 階で、国立測候所の予報オフィスと暴風予知センターから続く廊下の先にある。レーダー・オペレーション・センターと警告決定訓練支部は、風通しの良い吹き抜けの空間の南東側にある。5 階には大学の気象学部がある。駐車場には暴風追跡用の SUV 車──雹に打たれてできた車体の凹みと、蜘蛛の巣状に砕けたフロントガラスから明白だ──がある。

ハロルド・ブルックスはアメリカ暴風研究室の気象学者である。

ハロルド・ブルックス：「『老農夫の暦書』は 80 パーセントの確率で正しいと主張しています。これまでのすべての予測システムがそのくらいの確率で正しかったのです。19 世紀半ばを見てみると、英国気象庁の前身である英国国立測候所は、その予測が 80 パーセントの確率で正しいと主張していたのです。そして、英国気象庁は今なお、その予測が 80 パーセントの確率で正しいと主張しています。彼らはさまざまな要素、物事を予測していますが、魔法の 80 パーセントという数字を維持するため、私たちが正しいと呼んでいるものの基準は明らかに変わってきています。」

1972年、気象学者のエドワード・ローレンツは、米国科学振興協会の会議で「予測可能性：ブラジルの蝶の羽ばたきがテキサスの竜巻を引き起こすのか？」と題した発表を行った。その中で、ローレンツは複雑なシステムの中での予測不可能性を示す理論を展開した。10年前、ローレンツはコンピュータ上の数字を扱っていた。入力データの初期値は大気の状況を表しており、その結果は数か月先の天気予報のシミュレーションに使われる筈であった。ある時点で、ローレンツは計算を反復することにした。データを再入力するとき、彼は丸め誤差—つまり.506127を.506にするような変更—を導入した。この一見ほんの些細な調整が劇的に異なる結果をもたらした。ローレンツは、このシステムは初期条件の変化に敏感に反応すると述べた。というのは、小数点以下は蝶の羽ばたきのような大気中のかすかな動きを表していたからである。ローレンツにとって、結果の不一致は「長期気象予報が破綻する運命にある」ことを意味していた。

ローレンツ：「何匹の蝶がいるのか正確にはわからないし、どこにいるのか、ましてやどれがどの瞬間羽ばたいているのかもわからないので、我々には・・・十分に遠い将来の竜巻の発生を正確に予知することはできないのです。」

「蝶効果」は、現在カオス理論として知られる初期条件の変化に対する繊細さを示す代表的な喩えになっている。ニューヨーク・タイムズ紙が後に書いたように、「完璧な予測は、完璧なモデルだけでなく、ある時点での世界各地の風、温度、湿度その他の条件についての完璧なデータを必要とする。どんなに些細な相違も、まったく異なる天候をもたらしかねない」。

ハロルド・ブルックス：「我々は大気の現状を完全には知りません。空気中のあらゆる分子の温度を実際に測定できますか？　しかし、まあいいでしょう。我々の理解では、これらの誤差があまりに小さくて、実際の感覚として本当に問題にならないこともあるのです。」

「ニューヨークの通りを横切ろうとしているとき、車がやってくるのを見ると、こんな精神構造になります—車が来るみたいだけれども、通りを渡る時間はあるな。もし、それがどのくらいの速度で動いているのか予測し損なって、時速30マイル［約48キロ］で動いていると思ったのに、実際には時速31マイル［約50キロ］で動いていても、車のぎりぎり近くを横切っていない限り、その差は問題になりません。

しかし、車が突然急に時速90マイル［約45キロ］に加速したら、あなたの精神構造は悪化するでしょう。あるいは、モーニングサイド・ハイツからビレッジまでタクシーに乗っているときには、今度はあの誤差が問題になってきます。というのは、それが、私のタクシーの平均速度の予想が時速2マイルずれていたら、到着時刻にゆうに10分の誤差が生じてしまう乗車距離だからです。ニューヨークからロサンゼルスまでのドライブだったら、もっとひどいことになります。このように、これらの小さなことが本当に組み合わさるのです。それが長期予報です。」

天気予報が服を用意したり嵐への防備を整えたりするのに役立つと期待する一方で、我々は直感的に予測の範囲と正確さについてある程度限界があることを受け入れている。たとえば、我々はある正確な時刻や場所における特定の雲の大きさと形状を予報士に求めたりはしない。しかし、予報士とその予測に何を求められるかという点はまだ曖昧なままだ。1993年、気象学の教授で統計学者のアラン・H・マーフィーが「良い予測とは何か」と題する論文を発表した。マーフィーの論文の目的は、推測と予知能力の間の領域のどこに我々の予想を置くべきかを明らかにすることであった。

マーフィーは、彼が予測に不可欠だとする3種類の「良さ」を描いた。第1に彼が挙げたのは、一貫性。良い予測とは、これからやってくる状況への予報士による最も正確かつ最良の判断を直接反映したものである。第2は、質。良い予測は、予測とそれに続いて観察される状態との間にかなりの類似性を示すものである。そして最後に挙げたのは、価値。良い予測は、利用者が経済的あるいはその他の利益をもたらす決定を行うのに役立つ。例えば、ある家族が天気予報を聞き、ハリケーンの危険が迫る地域から避難することで嵐を切り抜ける、というようなことだ。

マーフィーが理解する良い予測には、不確実性を伝えることの大切さが含まれている。これが、ローレンツが描いた内在的予測不可能性である。

しかし、不確実性は嫌われる。気象予報士は不確実性のせいで、仕事がお粗末だと言ってばかにされるのだ。

グレッグ・カーピンは、アメリカ国立測候所暴風雨予知センターの警報調整担当の気象学者である：「受け入れなくてはならない不明瞭さがあるのです。観測ネットワークの粗さのせいで、いくつかの場所における大気の僅(わず)かな変化を本当の意味で知ることはできません。地球の表面には、大気に関する十分な情報がない広大な地域があり、その部分のデータをちょっと補完しなくてはならないのです。本当にわからないのに、限られた情報で決定を下さなくてはならないのは、時には苛立たしいものです。」

たとえば、予報士は、人命の危機にかかわる深刻な気象警報の発令に際して、誤りを犯すことにストレスを感じるだろう。

グレッグ・カーピン：「たいていの場合、逃した場合のペナルティ機能は、誤った警報のペナルティよりも大きいものです。しかし、バランスは必要です。あまり誤警報が多いのは望ましくありません。そうなると、誰も注意を払わなくなってしまうからです。」

予報行為の中には、懐疑主義を強めるものもある。ある状況においては、予報者は故意に一貫性に乏しい予測を伝える。ネイト・シルバーは彼の著書『シグナル&ノイズ』の中で、「ウェット・バイアス」として知られている例に言及している――民営の天気情報供給元は降水確率を誇張することが知られている。それは、人々が予測されていた雨が降らなければ喜び、用意していなくて雨にあえば取り乱すからだ。

リック・スミスは米国海洋大気庁の気象学者で、局とメディア、緊急管理者との間の連絡役を務めている。

「人々はイエスかノーかを知りたがる。それは難しい。だって我々がイエスかノーか知らないんだから。『激しい雷雨の可能性が30パーセント』――町村が竜巻警報のサイレンを鳴らすかどうかを決めようとしているときも、吹雪のために休校にするかどうかを決めようとしているときも、必ずしも可能性が決定につながるわけではない。イベントの日には、電話してきて、どうしたらいいのか教えてほしいと言われる。そして決まって、あなたならどうしますか、と聞かれる。私は『私だったら、きっと妻と子供たちに電話をして、避難するように言います』とか、『私の5年生の息子が今晩卒業式の予定だけれども、行くのをやめます』などと答える。おわかりの通り、違う言葉を使うようにしているんだ。」

「我々は情報を提供する。人々は、それを参考に、自らの決定を下さなくてはならない。我々に仕事がある主たる理由は、人々が対策を講じられるように、悪天候がやってくることを知らせるためだ。シェルターの鋼鉄の扉を閉めるかどうかという最後のステップは、個人の決定にかかっている。」

アラン・H・マーフィー：「予測は・・・その使用者が行う決定に影響を及ぼす力を通して価値を獲得する・・・予測自体には本来何も価値がない。」

マイケル・スタインバーグは、1996年から『老農夫の暦書』の気象学者を務めている。毎年、彼は単独でアメリカの16の地域とカナダの5地域の長期予報を作成する。スタインバーグはコーネル大学の大気科学の学位とペンシルベニア州立大学の気象学の学位を持っている。彼は、1978年に雪と氷の予知を担当する予報気象学者として入社したアキュウェザーの上級副社長も務めている。彼は、『老農夫の暦書』の秘密の公式を「関係を考察し、それをこれから起こることの予知に利用する方法論」と表現する。

マイケル・スタインバーグ：「何年も前にインターネットで、アメリカの企業秘密トップ5を一覧にしているのを見ました。そこにはコカ・コーラの秘密の調合と、ケンタッキーフライドチキンの秘密のスパイスが挙げられていました。『老農夫の暦書』の長期天気予報で使われている秘密の公式は3番目でした。」

「もしそれが、『太陽の出力を3倍してそれから標準温度を引き算すると、どうなるのかわかります』というような単純なものだったらいいのですが。でも、それよりもずっと複雑なのです。たとえ黒い箱の中身を見ることができたとしても、座っているだけですぐに予報をつくり出せるようなものではないのです。」

『老農夫の暦書』の出版の周期を考えると、マイケル・スタインバーグはほぼ2年先立って予報を作成する必要がある。『暦書』が伝統的に80パーセントの正確さを謳っていることについて意見を求められると、スタインバーグはこう言う。「私は伝統と議論する立場にありません。」

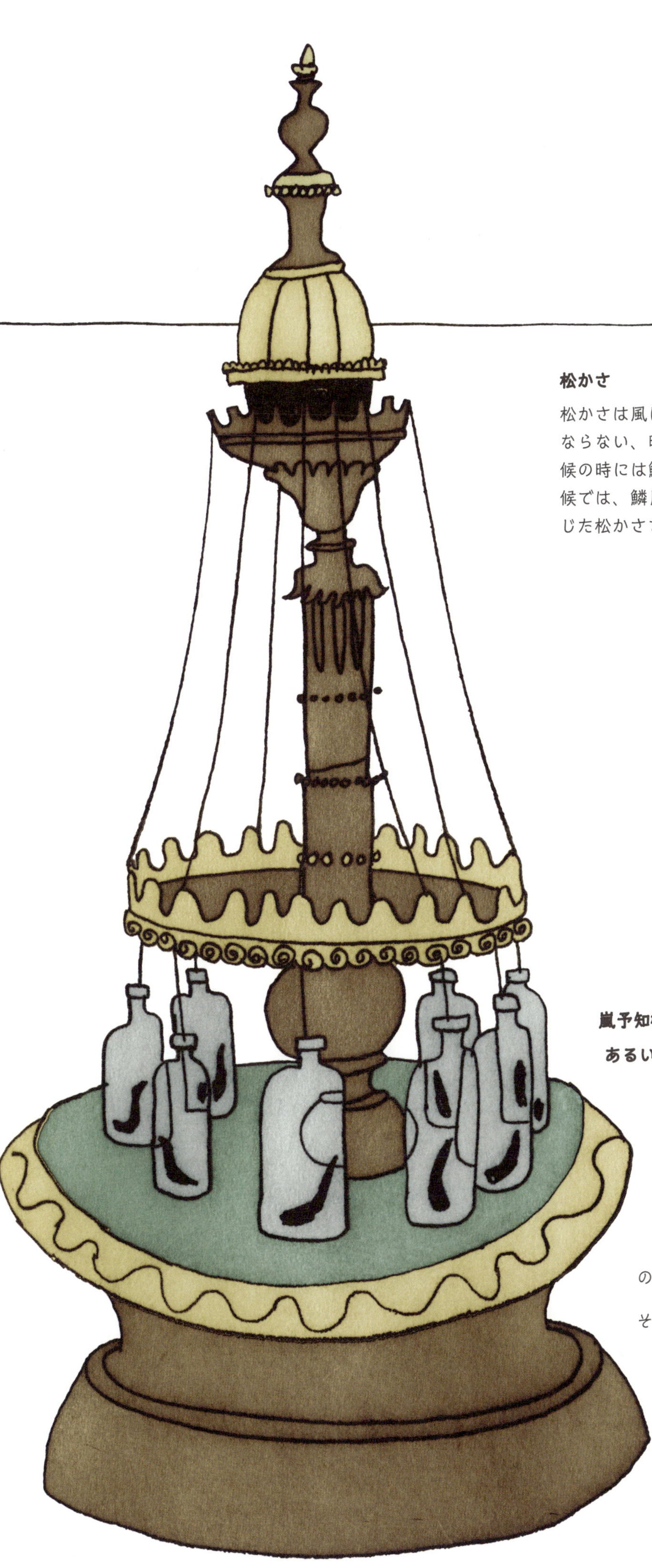

松かさ

松かさは風によって拡散する種子を作る。種子は湿気で重くならない、暖かく乾いた風の中を旅する。松かさは湿った天候の時には鱗片を閉じ、中の種子を閉じ込める。乾燥した天候では、鱗片が開いて種子が放出される。気象の専門家は閉じた松かさを、湿度の上昇と降水の可能性の徴と見る。

嵐予知機
あるいは蛭（ひる）気圧計

1851年、ロンドンの水晶宮（クリスタル・パレス）での万国博覧会で展示されたジョージ・メリーウェザー博士の装置。天候予測のために蛭を使用。メリーウェザーいわく、蛭は嵐が接近すると、ガラス壺の壁を這（は）い昇り、引き金を引いてベルを鳴らす。そして、ベルが鳴れば鳴るほど、嵐の可能性が高くなるという。アメリカ自然史博物館の環形動物・原生動物専門の学芸員で蛭の専門家のマーク・シッドルによると、この嵐予知機は「完全なでたらめ」である。

2011年11月、私はニューハンプシャー州ダブリンの大通りにある『老農夫の暦書』のオフィスを訪れた。元々は1805年に建てられ、事務所スペースを加えるために比較的最近になって拡張した下見板張りの建物は、低めでバーンハウスと同じ赤い色に塗られている。それは、ダブリン市税務署、市役所、公立図書館から見て、通りの向こう側にある。隣のダブリン・コミュニティー教会の白い尖塔が駐車場の上にそびえている。

1966年からダブリンの本部に勤務している受付係のリンダ・クルケイが、訪問者たちを迎える。彼女のデスクの後ろには、『老農夫の暦書』の創設者ロバート・B・トーマスと妻のハンナの肖像画がかかっている。

ロバートは白髪で、もみあげとつながった頬ひげを蓄え、持ち上がった眉毛をしている。ハンナは白いボンネットを被り、優美なレースのついたえりを付けて、悲痛な面持ちをしている。彼女の絵につけられた札には、「ある時点で微笑んだ顔がこの肖像画の上に描かれた。この当初の顔は 1961 年の修復の際に発見されたものである。」

「歴史の証拠博物館」のあるジャドソン・ヘールのオフィスは、2 階の、『暦書』のすべてのバックナンバーと古い参考図書を所蔵する地味な図書館から廊下を進んだところにある。私はヘールに『暦書』の秘密の公式の入っている黒い箱について尋ねた。彼はオフィスの床から箱を持ち上げて、私に手渡した。

ジャドソン・ヘール：「ほら、ここにある。中を見てもいいんだよ。さほどの秘密じゃない。全然たいしたことないんだ。」

箱は埃をかぶっていた。それは釣り道具かバザーでお金を入れておくのに使われる簡易金庫くらいの大きさの金縁の黒い箱だった。鍵は開いていた。中には、数冊の革色のらせん綴じのノート、大きなクリップで束ねられた、ヘッドがクローバー形の鍵が入っていた。何枚もの綴じられていない書類――タイプ打ちのものもあれば手書きのものもある――それから2回「極秘」「極秘」と赤いスタンプが押された封筒が1枚入っていた。

私はひとり、部屋に残されて内容を調べた。

ほとんどのノートにはぎっしりと事実が書かれていた──興味深い記念日の一覧表や、『暦書』の暦のページの、潮汐に関する情報と天体データの間の僅（わず）かな空白の埋め草用に集められたちょっとしたトリビアなどである。「1月9日──南北戦争開戦、1860年」、「7月2日──アメリア・イアハート失踪、1937年」、「4月8日──バーモント州、大陸会議に合衆国への加入を嘆願、1777年──却下」、「4月1日──エイプリルフール（冗談を入れること）。」

「極秘」の印がふたつ押された封筒の中には、タイプ打ちで、日付もサインもない3枚の紙がホチキス止めされて入っていた。1ページ目のヘッダーには大文字で

「天候予測──老農夫の暦書」

その下により大きい文字で

「社外秘」

それから、次のように書かれていた。

「隣接する48州の1年から2年先の天候予測の手順は、現在のところ以下のステップによる。

7つのステップは次のとおり──まず、太陽活動の予測から始める。次に、「地球とその磁気圏の方向」を確定する。第3のステップは、「赤道に対応する地球の位置と太陽風の方向に対応する地球の磁軸の傾き」である。「後者は、磁気圏に衝突する粒子や磁場は実際に地球の大気圏に運ばれているのか（最初に地球の磁気圏尾部を経由して、最終的に複雑な過程を経てオーロラ帯に行きつく）」。

次に、宇宙線の変動を調べる。第5に、過去の太陽活動を調べ、未来の状態を推測する。

第6のステップでは、上記3、4、5のステップを分析し、そのデータを用いて「高層大気の谷の深まりとそれに伴う冬の寒波の発生とその風下で暴風雨が発生する時期、および高気圧の強大化とその概して透明で安定した大気と低気圧が深まり荒れ模様が頻発する時期を予測する。」

最後に、「予測に月の影響を加味する。」月の影響は「地球の磁気圏尾部にある磁気鞘（じきしょう）を満月の時に交差する月と、新月の時に太陽風の流れを妨げる月（徐々に地球の大気中に送られる粒子エネルギーに影響を与える）に関係する。そして、満月あるいは新月の時に月が黄道面に近づく回数が重要になる。」

出だしからして難解で、記述が長くなるにつれていっそうややこしくなる。公式にそれぞれの詳細が加わると、どんなに理解力がある人でもさらにイライラさせられる。まるでなぞなぞだ。最後に免責事項のリストがある──この公式は現在の構成では、人が天候に与える影響、あるいは都市部のヒート・アイランド現象などの局地的な影響、または火山や森林火災などの自然現象の影響は考慮されていない。それにもかかわらず、リストに続いてこの方法の信頼性が繰り返し述べられている。匿名の作者は次のように結論づける──「これにより、人類に役立つさらに信頼性の高い予測が行われるだろう。」

米国海洋大気庁の気象学者グレッグ・カービンは、『老農夫の暦書』の予測の公式の評価を求められると、「まったく理解しがたいものでした」と答えた。

天候予測は、私たちの歴史知識、現在の科学理解、未来についての最大限の推測を要する。

完全な要素など存在しない。予測は、人間の達成したものと人間の限界を集約したものなのだ。現代の気象学を通して、私たちは先祖を驚かせるような天候の知識とそれを予測する能力を手に入れた。しかし、これまでのところ、我々は科学を以てしても火曜日の天気がどうなるのか

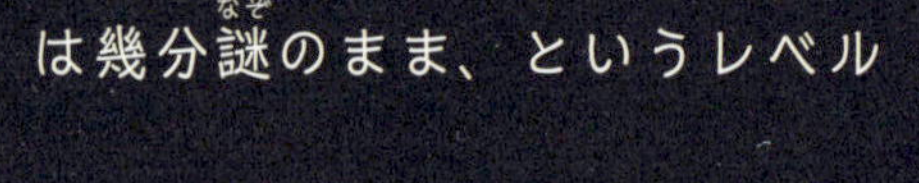

は幾分謎のまま、というレベルにしか到達していない。私たちは空を見上げ、ドップラー型レーダーの画面を調べ、黒い箱の中を覗いているのだ。

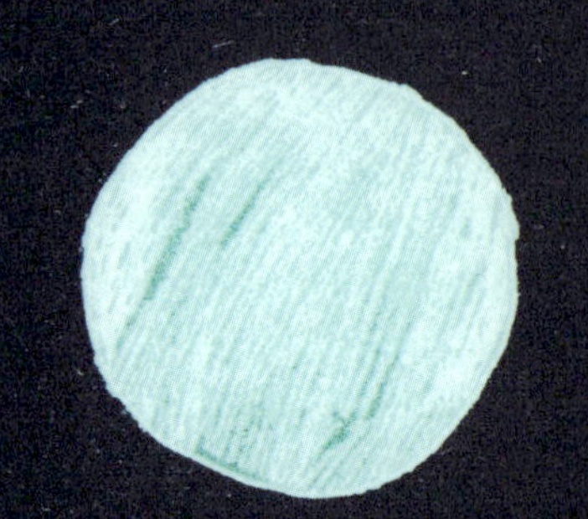

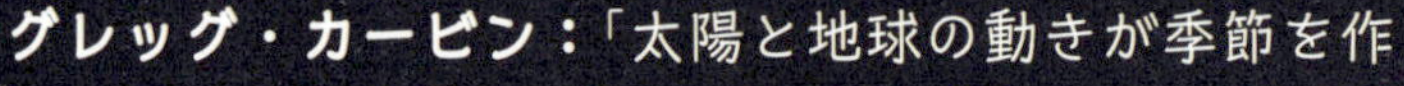

グレッグ・カービン：「太陽と地球の動きが季節を作り出していることがわかります。私たちは、北半球では冬に入り、南半球では暖かい夏を迎える時期に入ることを知っています。そこには周期性があるわけです。大幅に手を抜けば――冬は寒く、夏は暖かくなる、となります。そのくらい単純なものだったらよいのですがね。厄介なのはその詳細です。」

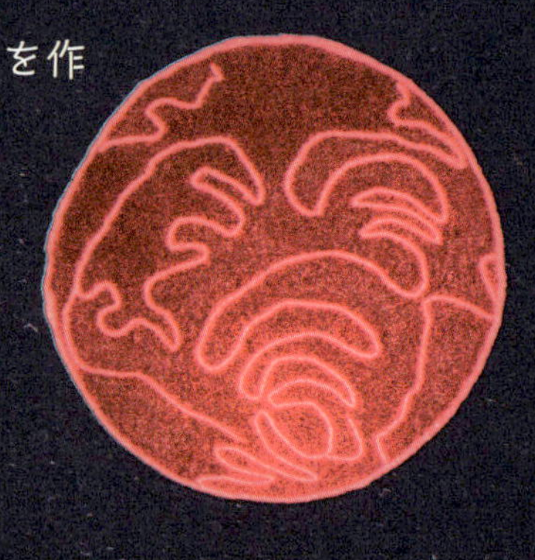

注

マーク・ケーツビー、「フラミンゴ（PHOENICOPTERUS RUBER）の頭部」とウミトサカ目ホソヤギ科のサンゴ（PLEXAURA FLEXUOSA）、1725 年。

P・ヘンダーソン、「カタクリモドキ（DODECATHEON MEADIA）」、1801 年。

絵画について

この本の多くの絵は、アタカマ砂漠、北極、ニューファンドランド、ニューハンプシャー州ダブリンの『老農夫の暦書』オフィスなどの現地で描いた。また、細工物、ギリシャ陶器、古文書保管庫の写真や日本の屏風など、さまざまな参考資料を利用した。加えて以下も参照した。

第２章「寒さ」は、*The Three Voyages of William Barents to the Arctic Regions: 1594, 1595, and 1596* (Hakluyt Society: 1853) として出版されたゲリット・デ・ビアーによる16世紀のオランダのスバールバル探検の日記を参考にした。

クンラドゥス・シュラッペリツィの「絵入り聖書」(1445年) は第８章「支配権」に特別なインスピレーションを与えた。

第９章「戦争」のベン・リビングストンの絵はリビングストン夫人から拝借した写真をもとに描いた。

第10章「利益」の氷を収穫する人々の絵は Oscar Edward Anderson, Jr., *Refrigeration in America* (Princeton University Press, 1953), Gavin Weightman, *The Frozen Water Trade* (Hyperion, 2003)および Richard O. Cummings, *The American Ice Harvests* (University of California Press, 1949) に収録された写真とエッチングを下敷きにしている。

第４章「霧」の霧笛は、イギリスのガラス製造業者チャンス・ブラザーズ・アンド・カンパニーが製造した霧笛の写真を基に描いた。同社は1851年のロンドン大博覧会の水晶宮、イギリス国会議事堂、ワシントンD.C.のホワイトハウスのガラス製造にも貢献した。

第４章「霧」67頁の虫は、ジョン・J・オーデュボンの「ハジロオオシギ」(1824) の嘴に初めて登場するが、これはオーデュボンが著作 *Birds of America*（アメリカの鳥類）に含めなかった研究である。

***

『雷鳴と稲妻』の図版作成には、銅板フォトエッチングとフォトポリマー工法の２つの印刷技術を使った。

フォトエッチングでは、画像の線と明暗に沿って酸が銅板を腐食する。銅板にインクがつくと、銅の腐食でできた溝に色素がたまる。

銅板は印刷機に通され、そこで湿った紙がインクの部分を吸着して図像を露出させる。フォトポリマー工法は、銅の代わりにポリマープレートを使用した、伝統的なエッチングに代わる現代版だ。

何世紀にもわたって、芸術家や科学者は、観察したことを表現し、考えを伝えるために版画を利用してきた。美術史家で学芸員のスーザン・ダッカーマンによると、ルネッサンス期には、印刷された図像は「自然界を調査する過程での道具」として機能していた。科学を名目にして活動している芸術家たちは、尺度や遠近法、色と光の視覚的因習から逸脱した。特定の情報──動物の解剖学的構造や植物の構造など──を伝える必要がある場合には、一種のプロトシュルレアリスムの手法で描かれることもあった。

私のお気に入りの絵のひとつに、イギリスの博物学者マーク・ケーツビーによる1725年のフラミンゴの水彩画がある。鳥の頭は見事に詳細に表現され、完璧な比率で描かれている──嘴に沿った細い線はラメラの筋を描写しており、この鳥がどのようにして口に入れた水から藻や小さな甲殻類をフィルターにかけて食べているのかを示している。鳥の頭部の羽は１本１本緻密に描かれている。ところが、その頭が宙に浮いている──胴体はなく、巨大で、サンゴの枝を背景にしてほとんどサイケデリックだ。

P・ヘンダーソンの1801年の作品「カタクリモドキ (*Dodecatheon meadia*)」は手彩色の植物版画である。最前面には、海辺の断崖を背景に巨大かつ孤立したこの花がカーブした茎の上に伸びている。尖がった紫色の花弁が空に突き出し、根元には８枚の葉を触手のように広げている。遠くには、海水が泡立ち、空は嵐雲で陰り、２艘のちっぽけな船が風で傾いている。暗がりの中で輝く花は、不気味に迫る変種の標本だ。

私が媒介物を選んで敬意を表したかったのは、まさにこの伝統であった。ケーツビーのフラミンゴとヘンダーソンのカタクリモドキは、我々が自然を前にして、特に、うなる風、激しい雷雨、焼け付く太陽といった要素から成るその力に遭遇した時に最も激しく経験することになるある種の感情──不思議、驚異、恐怖の感覚──を捉えたものだ。

『雷鳴と稲妻』の版画はすべて白黒だったが、それぞれを私が個別に着色した。

私は２名の熟練印刷工と共に、これらの図版の印刷作業を行った。ポール・マローニーはコートニー・セニシュの補佐のもと、銅板フォトエッチングを印刷した。ポール・テイラーはオリバー・デューイ、ガートナーおよびエミール・ゴンボスの補佐のもと、フォトポリマー印刷を行った。

第７章「空」の絵は、私が油性パステルで描いた。

以下の章の絵は、フォトエッチングの技法で印刷された。第１章「混沌」、第２章「寒さ」(20〜21頁を除く)、第３章「雨」、第４章「霧」(48〜49、51〜52、64〜65、66〜67頁)、第５章「風」(70〜71、72〜73、76〜77、78〜79、80〜81、82〜83、86〜87頁)、第８章「支配権」(130〜131、134〜35、142〜43、144〜45、148〜149、150〜51頁)。

以下の章の絵は、フォトポリマー印刷技術で作成された。第２章「寒さ」(20〜21頁)、第５章「風」(74〜75、84〜85頁)、第６章「熱」、第８章「支配権」(132〜33、136〜37、138〜39、140〜41、146〜47頁)、第９章「戦争」、第10章「利益」、第11章「楽しみ」、第12章「予測」。表紙と前付けもフォトポリマー印刷である。

活字について

この本［原著］のために私が作成したフォントはQaneq LRといい、イヌクティトゥト語の「降る雪」を意味する言葉に由来している。

エスキモーには雪をあらわす言葉が数多くあることはよく知られている。また、それは民間伝承だと非難され、学問的な議論のテーマにもなってきた。クリーブランド州立大学教授のローラ・マーティンは「雪をあらわすエスキモーの言葉」（1986年）の中で、学界で「雪の例」が繰り返されるのは「言語構造の中に元来存在する複雑さが矮小化されたもの」であり「責任ある学問研究に不可欠な要件を不注意にも軽視している」と記した。言語学者ジェフリー・パラムは、エッセイ「エスキモーの語彙に関する大いなるでっち上げ」の中で、こう述べている。「9だろうと48だろうと100だろうと200だろうと、気にする奴なんていない。要するにたくさんだっていうことだろう？……エスキモーは雪を意味するいろいろな言葉をそんなには持っていないというのが事実で、エスキモー（あるいはより正確には、シベリアからグリーンランドにかけてのエスキモーが話す同族諸語を用いるイヌイットとユピック諸族）のことを何かしら知っている者の誰もそんなことを言ったためしがない。」

文化人類学者のイゴール・クルプニクと人文地理学教授のルドガー・ミュラー - ビレはこれに同意しない。クルプニクとミュラー - ビレは、さまざまな方言から「マングーマーク」（暖かい天気で柔らかくなった雪）、カタカルタナク（踏むと崩れる表面が固くなった雪）、ケルソクポク（轍や足跡のある凍った雪）などの雪の形状や状態をあらわす数十の語彙を特定した。クルプニクとミュラー - ビレは、歴史的に「エスキモー」と同定される諸民族の諸言語は、雪をあらわす言葉が実に豊富――因みに氷関連の語彙はさらに豊富――だと主張する。

第1章 混沌

3頁、　ハリケーン・アイリーンは…通過した：この記述は National Weather Service, "Service Assessment: Hurricane Irene, August 21-30, 2011" (Silver Spring, MD: U.S. Department of Commerce, 2012) と Lixion A. Avila and John Cangialosi, "Tropical Cyclone Report: Hurricane Irene" (Miami: National Hurricane Center, December 14, 2011) などの複数の情報源に拠る。

3頁、　49人が犠牲に…およそ160億ドル：前掲書 ("Tropical Cyclone Report: Hurricane Irene")。

3頁、　スー・フルウェリングとエリザベス・バンドックの言葉：エリザベス・バンドックには2011年9月23日、スー・フルウェリングには2012年3月20日にインタビューを行った。『雷鳴と稲妻』の他の部分でもそうであるが、ここでは話の流れに沿ってインタビューを編集した。この部分での私の意図は、フルウェリングとバンドックが「会話している」ように見せることではなく、バーモント州ロチェスターの墓地での出来事を、異なる2人の証人の声から成るひとつの記録の形で示すことである。

第2章 寒さ

8頁、　エスキモーの人々は、寝ている間に眼球が旅をする…と信じている：Vilhjálmur Stefánsson, *The Friendly Arctic: The Story of Five Years in Polar Regions* (New York: The Macmillan Co., 1921), 409-10.

9頁、　「眠っている人たちの中には少し目を開けていて眼球が見えている人もいる」：ステファンソンは次のように続ける。「これに関連して、私は何かを聞く夢を見ることは、耳も［寝ている間に］旅していることを意味しないのかと尋ねた。ふたりとも、それはもっともなことだと頷いたが、そんな話は聞いたことがなかったのだ。個人的には、目と同じように、耳も旅する可能性が十分あると考えた。しかし、彼らは、人が眠っている間も外耳が留まっているのをよく見ているので、旅するのはその部分ではないだろうという。」

10頁、　「日中の光は取るに足りないものだ。」：Stefánsson, *The Friendly Arctic*, 288.

10頁、　「まるでそこには何もなく」：Vilhjálmur Stefánsson, *Hunters of the Great North* (New York: Harcourt, Brace, and Company, 1922), 179-80.

10頁、　「手袋のひとつを…投げてから」：Stefánsson, *The Friendly Arctic*, 288.

10頁、　「これはそんなに悪い方法ではないだろう」：Stefánsson, *Hunters of the Great North*, 180.

10頁、　「雪盲は晴天と…まったくどこにも影が見られない」：Stefánsson, *The Friendly Arctic*, 200.

10頁、　「でこぼこの海氷の上では」：Stefánsson, *The Friendly Arctic*, 149.

10頁、　「私の最初の野望」：Stefánsson, *Hunters of the Great North*, 3.

14頁、　年間を通して解けることがない土：この状況は地球温暖化によって変わりつつある。

14頁、　オランダ語で「鯨の脂身の町」：Kristin Prestvold, "Smeerenburg Gravneset," (Longyearbyen: Governor of Svalbard, Environmental Section, 2001).

14頁、　「安全防護対策のため」：Ingrid Urberg, "Svalbard's Daughters: Personal Accounts of Svalbard's Female Pioneers," *NORDLIT* 22 (Fall 2009), 167-91 で引用されている、Helge Ingstad, *Landet med de kalde kyster* (Oslo: Gyldendal, 1948), 57-58 による。

14頁、　「初めてのヨーロッパ人女性」：Christiane Ritter, *A Woman in the Polar Night* (1954), (Fairbanks: University of Alaska Press, 2010), 115.

14頁、　「地面は鋼のごとく固く凍り付いていて」：前掲書、127頁。

14頁、　少しずつ地表に："For Some, No Rest, Even in Death," *The Milwaukee Journal* (August 28, 1985).

14頁、　何十年も前に、地元の小さな墓地が：Duncan Bartlett, "Why dying is forbidden in the Arctic," *BBC Radio 4* (July 12, 2008).

1990年代、ロングイェールビーンに埋葬されたスペイン風邪で亡くなった人々の遺体は、凍った人体の中でウイルスが保存され、研究可能かどうかを確認するために掘り起こされた。Malcolm Gladwell, "The Dead Zone," The New

Yorker (September 29, 1997) を参照のこと。

14 頁、　「皮肉っぽく」：2012 年 3 月の Liv Asta Ødegaard とのインタビュー。

14 頁、　「我々は貧困に陥る可能性がある」：“Portrait of an Artist ‘Too Old,’ ” Mark Sabbatini, *Ice People,* Vol. 4, Issue 36 (September 11, 2012).

17 頁、　2012 年、ロシアの科学者たちは…報告した：Vladimir Isachenkov, “Russians revive Ice Age flower from frozen burrow,” Associated Press (February 21, 2012).

18 頁、　食品が「常に安全」：“Is Frozen Food Safe? Freezing and Food Safety,” Food Safety and Inspection Service, United States Department of Agriculture, fsis.usda.gov.

18 頁、　「保管庫には、現存する国々よりも多くの国々からの種がある」：2012 年 2 月、スバールバルでのケリー・ファウラーとのインタビューおよび 2014 年の複数の電話インタビュー。

18 頁、　スバールバルとノルウェー本島の所得税について：2014 年 6 月のスバールバル税務署のヨルン・エリック・ヒュベンとの文通による。

20 頁、　タイからの移民が人口の最大部分を占めている：スバールバル税務署によると、2012 年、ロングイェールビーンには 102 人のタイ人が在住していた。私が話したスバールバルのタイ人居住者の中には、新参のタイ人の一部は税金を支払わないで済むよう役所への登録を怠っていると言って、公式な数字は正確な総数を下回っていることを示唆する者もいた。

22 頁、　「私の庭にはたくさん果物がある」：2012 年 3 月、スバールバルのロングイェールビーンでのタンヨン・スワンボリボーンとのインタビュー。

24 頁、　「スバールバルは人々が働きに来るところなのです」：2012 年 2 月、スバールバルのロングイェールビーンでのヘルディス・リーエンとのインタビュー。

25 頁、　「ここの浅い夜は奇妙だ」：Ritter、前掲書、54 頁。

第 3 章 雨

30 頁、　千人以上の報道関係者たち：Robert Mackey, “Latest Updates on the Rescue of the Chilean Miners,” *The New York Times* (October 30, 2010).

30 頁、　「絶対砂漠」：科学者ジュリオ・ベタンクールによると、「『絶対砂漠』という言葉で、維管束植物も、通常の植物も存在しないことを意味する。もし雨が降るとしても、おそらくそれは数十年に 1 回のことだ…絶対砂漠にはそんなに多くの測候所はない。だって、それは時間の無駄になるだろう？」（2012 年 4 月のジュリオ・ベタンクールとの電話インタビュー。）また、John Houston and Adrian J. Hartley, “The Central Andrea West-Slope Rainshadow and its Potential Contribution to the Origin of Hyper-Aridity in the Atacama Desert,” *International Journal of Climatology*, 23 (2003) も参照のこと。

30 頁、　NASA はアタカマ砂漠を火星の代用に使っている。というのもアタカマ砂漠は火星と同様に乾燥し、高レベルの紫外線放射がある。加えて、アタカマ砂漠の土壌の組成は火星の砂と類似している（2012 年 6 月、カーネギーメロン大学教授デイビッド・ウェッターグリーンとの電話インタビューによる。ウェッターグリーン博士はアタカマ砂漠におけるロボット探査プロジェクトを率いる）。

30 頁、　「雨陰」効果：Houston and Hartley、前掲書、1453-64 頁。

31 頁、　「スイート・スポット」：2012 年 4 月のジュリオ・ベタンクールとの電話インタビュー。

34 頁、　「それは通常およそ 7、8 年ごとに起きる」：2012 年 1 月のピラル・セレセダとの電話インタビュー。

36 頁、　「この雨と高温の組み合わせ」：2012 年 3 月、ニューヨーク州ニューヨークでのクリストファー・ラクスワーシーとのインタビュー。

ラクスワーシーと私は、気候変動によるマダガスカルの潜在的変化についても話した。「我々は、マダガスカルにおける（気候変動の）研究のまだ初めの段階にいるに過ぎませんが、今の時点では、より高温になったときに予測されることのひとつに、より多くのサイクロンがマダガスカルを襲うだろうことが挙げられます。それから、マダガスカルの雨量も実際にちょっと増加するかもしれません。でも、残念なことに、これは雨がずっと激しくなることを意味しています。雨が降るときは、もっと短期間で降るようになり、流出する水とともに嵐の被害あるいは浸食、それによる深刻な結果で危険がずっと増します。人々はマダガスカルのサイクロンについて十分に承知しています。特に東岸ではサイクロンに見舞われると大変な被害を受けます。」

39頁、　暖気が上昇すると、氷点下の温度の雲頂に達して冷やされ：稲妻のシーンの描写を手伝ってくれたメアリー・アン・クーパーとロナルド・ホールに感謝する。

39頁、　1チームの選手全員が亡くなった：Marcus Tanner, "Lightning kills an entire football team," *Independent* (October 29, 1998).

2010年のシュピーゲル紙のある記事は、カメルーンの心霊治療師の言葉を引用している。「私がすべきことは、2、3個の貝殻を投げて、競技場の霊と交信するだけだ。そうすれば、我々のゴールは閉ざされ、敵のゴールは広く開かれる。」同じ記事で、引退したガーナのディフェンダーでアフリカ・サッカー連盟役員のアンソニー・バッフォーの言葉が引用されている。「すべてのアフリカのチームにはそれぞれ常駐の呪術師がいる。」(Thilo Thielke, "They' ll Put a Spell on You: The Witchdoctors of African Football," *Der Spiegel*, June 11, 2010.)

39頁、　トールが天国を支配し：サーシャ・ローゼンの古代スカンジナビア神話に関する専門的知識に大いに感謝する。

39頁、　「奇抜な作戦」：Andrew Dickson White, *A History of the Warfare of Science with Theology in Christendom*, Volume 1 (New York: D. Appleton and Co., 1903), 332.

40頁、　「もし稲妻がその地域で効力を持ち続けられる環境にあれば」：Mary Ann Cooper et al., Paul S. Auerbach, editor, "Lightning Injuries," Chapter 3, *Wilderness Medicine* (St. Louis: Mosby, 2007), 69.

40頁、　男性は屋外での活動に従事することが多い：Curran, E.B., R.L. Holle, and R.E. López, "Lightning casualties and damages in the United States from 1959 to 1994 (*Journal of Climate*, volume 13, 2000), 3448-64.

41頁、　「1969年、私は雷に打たれました」：2011年10月のスティーブ・マーシュバーンとの電話インタビュー。

41頁、　「人は雨や汗で濡れることがあります」：2011年10月26日のメアリー・アン・クーパーとの電話インタビュー。また、Cooper MA, Andrews CJ, Holle RL: "Lightning Injuries," *Wilderness Medicine*, 87-90も参照のこと。

41頁、　「私は自分がクリスマスツリーのようにライトアップされるのを感じました」：*Life After Shock: 58 LS & ESVI Members Tell Their Stories* (Jacksonville, NC: Lightning Strike and Electric Shock Victims International, Inc. 1996), Introduction.

41頁、　「何も見えなかったし、何も聞こえなかった」：前掲書、72頁。

41頁、　法病理学者ライアン・ブルーメンタール：ライアン・ブルーメンタールとのメールのやり取りに基づく。また、Ryan Blumenthal et al., "Does a Sixth Mechanism Exist to Explain Lightning Injuries?" Volume 33, Issue 3, *The American Journal of Forensic Medicine and Pathology* (September 2012), 222-26も参照のこと。

41頁、　被害者は…榴散弾のような破片に突き刺されることもある：Ryan Blumenthal, "Secondary Missile Injury From Lightning Strike," Volume 33, Issue 1, *The American Journal of Forensic Medicine and Pathology* (March 2012), 83-85.

42頁、　「私は動物園の見せ物の動物になってしまった」：*Life After Shock*, 81.

42頁、　「死の顔に触れることで」：同上、97頁。

第4章 霧

48頁、　1983年の皇太子夫妻のスピア岬訪問の描写：カナダ放送協会のチャールズとダイアナのニューファンドランド訪問の記録映画をオンラインで視聴した。http://www.youtube.com/watch?v=H7qzSKYbpcY. このビデオはYouTubeから既に削除されたようである。

48頁、　北アメリカの東端：スピア岬（47° 31/N, 52° 37/W）は、北アメリカがグリーンランドを含まないと定義する場合の、北アメリカの東端である。

49頁、　「それは1845年に起こった」：2012年7月、ニューファンドランドのスピア岬でのゲリー・カントウェルとのインタビューならびに複数の電話インタビュー。

50 頁、　濃霧を発生させる：煙と霧の混成語であるスモッグは、ロンドンの現象を表すのに作られた言葉である。

50 頁、　「黄色い複合物が」："Pea-Soup Fog in London, New York's Worst Fog Does Not Approach It, A Dirty Yellowish Compound Which Makes Itself Felt Everywhere and by Everybody," *The New York Times* (December 29, 1889).

『荒涼館』(1853) はチャールズ・ディケンズのロンドンの霧の有名な描写で始まる：「どこもかしこも霧だ。テムズ川の川上も霧で、緑の小島や牧場のあいだを流れている。川下も霧。ここでは、たくさんに並んだ船のあいだや、この大きな（そして薄汚ない）都会の不潔な河岸のあたりを、霧が汚れた渦をまいて流れてゆく。エセックス州の沼沢の上も霧、ケント州の丘陵の上も霧、そして石炭運送帆船の上甲板の賄(まかな)い所の中へ忍び入る、大きな船の帆桁の上に寝そべる、索具の中をうろつく、はしけや小さなボートの船べりにしなだれかかる。グリニジ海軍病院の病室の煖炉のそばで、ぜいぜい咳(せき)こんでいる老廃兵の目やのどの中へもはいりこむ、むかっ腹を立てた船長が甲板下の息苦しい自室の中でふかしている午後のパイプの柄(え)や火皿にはいりこむ、その上の甲板で身ぶるいしている、おさない見習い水夫の手や足の指をじゃけんにつねる。橋の上をとおりかかった人たちがらんかん越しに、空に見まごう下の霧をのぞいている、そのまわり一面も霧で、さながら人々は軽気球に乗って、雲のもやの中に浮んでいるよう。」[C. ディケンズ、青木雄造・小池滋訳、『荒涼館 1』ちくま文庫、1989 年より引用。]

50 頁、　犯罪が急増した："London Fog Tie-up Lasts for 3rd Day," *The New York Times* (December 8, 1952).

50 頁、　「昨夜遅く視界ゼロの中」："Thieves get $56,000 as Fog Grips London," *The New York Times* (January 31, 1959).

50 頁、　飛行機が滑走路を超えて着陸："Excursions Plane Crash Kills 28; 2 Survive in London Fog Disaster," *The New York Times* (November 1, 1950).

50 頁、　救急車には徒歩の案内人が付き添わねばならなかった："London Fog Tie-up Lasts for 3rd Day," *The New York Times* (December 8, 1952).

50 頁、　葬列が…とどまらなかった："London Has a Fog so Dense Funeral Procession Is Lost," *The New York Times* (December 19, 1929).

50 頁、　「ほとんど無風状態の中」：Sue Black, Eilidh Ferguso, *Forensic Anthropology*, (Boca Raton: CRC Press, 2011), 245.

54 頁、　「船舶係留中は」：2012 年 6 月のポール・バワリングとの電話インタビュー。

55 頁、　「気温が下がると」：2012 年 6 月のデイビット・ファウラー船長との電話インタビュー。

60 頁　「彼らは波の砕ける音を聞いていたんだ」：固体、液体あるいは気体を通して伝わる振動である音波は、反射の影響を受ける。すなわち、それらは固体にあたって跳ね返る可能性がある。音は屈折する。音波の方向は、空間の中を移動しているときのように逸れてゆく。また、音は気温の影響も受ける。通常、地球に最も近い大気の一部である対流圏では、標高が高くなるにつれて気温は下がる。音は暖かい空気の中でより早く移動するので、標高が高くなるにつれて音の伝わる速度は下がる。ペンシルベニア州立大学の音響学の教授、ダニエル・ラッセルによると、「このことは、地面近くを移動する音波について、最も地面に近い部分が最も早く移動し、地面から最も遠い部分が最も遅く移動することを意味する。その結果、音波は方向を変え、上向きにカーブする。これが、音波が貫通できない『影のゾーン』の域を作り出す。影のゾーンに立っている人は、音源が見えるにもかかわらず、音が聞こえない。」(Daniel A. Russell, "Acoustics and Vibration Animations," acs.psu.edu.)

音響学者チャールズ・ロスは、司令部の決定に音の影が果たした役割と南北戦争の戦いの結果を分析した。「電気無線通信が戦術上一般的になるよりも前、戦いの音は、しばしば司令官が戦いの進行を判断する最も手っ取り早く効果的な手段であった。」戦いの音が大気効果によって変形した場合、破滅的な判断ミスをしてしまうこともあり得た。ロスによると、音の影が、1862 年のバージニアのセブンパインズの戦いでの南軍の決定的な勝利を阻止し、南軍の将軍ジョゼフ・ジョンストンの負傷とロバート・E・リーの台頭を導いた。ジョンストンは北軍の将軍ジョージ・マクレランの隊に対する3つの長期の攻撃を計画していたが、戦況が荒れるにつれて、彼は静寂のポケットにすっぽりくるまれてしまい、そのせいで、戦いはまだ始まっていないものと誤解した。

セブンパインズでの南軍の攻撃の朝、霧があったと言われているが、それは、よく気温逆転――標高が上がるにつれて通常気温は下降するが、それが逆転すること――の徴である。

チャールズ・ロス：「そのような領域に音波の上の部分が入ると、速度を増し、音波全体を地面の向きに逆戻りさせてしまう…最終的には、音源から離れたところにいる人の方が、近くにいる人よりも音をよく聞くことができる、という結果となる。さらに奇妙なことに、下方へと屈折した音波が十分な強さを以て地面から反射すると、それは再び上昇して、同様のサイクルを繰り返す。これによって、聞こえる場所と聞こえない場所の輪が音源の周りを蛇の目状に取り囲むことになる。この輪は、直径何マイルにもわたることがある。」

セブンパインズの戦いの後、南軍の将軍ジョゼフ・ジョンストンはこのように記した。「大気の特異な状況によって、マスケット銃の音は、我々のところには届かなかった。その結果、私は、スミス将軍の進軍の知らせを、4時頃まで先送りしてしまった。」言い換えれば、手遅れになるまでの先送りだ。

(Charles Ross, *Civil War Acoustic Shadows*, Shippenberg: White Mane Press, 2001, 24, 61-82を参照。また、"Outdoor Sound Propagation in the U.S. Civil War," Charles D. Ross, *Echoes*, Volume 9, No.1, Winter 1999も参照のこと。)

61頁、　「人の方向感覚をなくし」：トム・バンダービルトは『交通』と題する著作の中で、自動車の運転での霧の効果を描写している。

「高速道路で霧が発生した結果、大規模な玉突き衝突が起きることがよくある…確かに、霧の中では見えにくい。しかし、本当の問題は、我々が思っている以上に見えないということだろう。それは、我々の速度感覚は景色の影響を受けているからだ…霧の中では、周囲を取り巻く景観はもとより、車窓の景色は減少する。我々の周囲にあるものすべてが、実際よりもゆっくりに見え、そのような景観のせいで、実際よりもゆっくり移動しているように感じられる…皮肉なことに、運転手は前方の車を「見失わない」ように、通常よりもそれに接近したところを走るほうが居心地よいと感じるだろう。しかし、知覚が狂わされていることを考えると、これはまさに誤った行動なのだ。」

(Tom Vanderbilt, *Traffic: Why We Drive the Way We Do* [New York: Alfred A. Knopf, 2008] 99.)

62頁、　「史上最強の船」："Loss of the Arctic: Collision Between the Steamer and a Propeller of Cape Race, Probably Loss of Two to Three Hundred Lives," *The New York Times* (October 12, 1854). この記事はより古いニューヨーク・タイムズ紙の記事（1850年）を引用している。

62頁、　最高の船と見做された：David W. Shaw, *The Sea Shall Embrace Them* (New York: Free Press, 2002), 30.

62頁、　「水上最速の蒸気機関」："Sinking and Abandoned," James Dugan, *The New York Times* (November 26, 1961).

62頁、　アークティック号の内部の描写：Shaw, 41.

62頁、　大西洋最速横断の描写：Shaw, 45-50.

62頁、　1週間後の…航行していた：ジョージ・H・バーンズ（George H. Burns）による"Additional Particulars"補足記事、*The New York Times* (October 11, 1854) およびShaw, 99の地図を参照のこと。

62-3頁、ピーター・マッケーブ、フランシス・ドリアン、ジェームズ・スミス、ジョージ・H・バーンズ、ジェームズ・カーネガン、トーマス・スティンソンの言葉：アークティック号の悲劇に続く数日間、ニューヨーク・タイムズ紙は生存者の声明や目撃者の証言を掲載した。ここでは編集を施した形で引用した。完全な証言については"Loss of the Arctic: Collision Between the Steamer and a Propeller off Cape Race," *The New York Times* (October 12, 1854) ならびに"The Arctic: Important Details, Narrative of Capt. Luce, Dreadful Scenes on the Wreck," *The New York*

Times (October 17, 1954) を参照のこと。

62 頁、 アークティック号の沈没直前の描写：Shaw, 145.

63 頁、 408 人の乗員乗客のうち：アークティック号の悲劇の際の正確な乗員数には不明瞭な点がある。『海が彼らを抱擁する』*The Sea Shall Embrace Them* においてデービッド・W・ショウは、いくつかの数字は、乗務員と彼らに同伴していた家族の総数を含んでいない可能性があるとしている（Shaw, 205）。

第 5 章 風

70-71 頁、「フロリダのキーズとアフリカの間には」：2012 年 12 月のダイアナ・ナイアッドとの電話インタビュー。

72 頁、 キューバからフロリダまで泳ごうとしていた：2013 年、ダイアナ・ナイアッドはキューバ・フロリダ間を泳ぎ切った。それは彼女の 5 回目の試みであった。

72 頁、 「痛みにはまったく恐怖を感じない」：Diana Nyad, *Other Shores* (New York: Random House, 1978), 71.

73 頁、 「ベネチア人の…シロッコのせいだ」：Peter Ackroyd, *Venice* (New York: Nan Talese/Doubleday, 2009), 24.

73 頁、 「あのサンタ・アナ特有のかわいた暑い風だった」：Raymond Chandler, *Red Wind* (Cleveland: World Publishing Co., 1946) ［邦訳は R・チャンドラー、稲葉明雄訳、『チャンドラー短編全集 1 赤い風』、創元推理文庫、1963 年、98 頁を引用］.

73 頁、 「昼夜、フェーン風がうなる音…聞こえる」：Herman Hesse, *Peter Camenzind*, (1904), Translated by Michael Roloff (New York: Farrar, Straus, and Giroux, Inc., 1969), 191-92 ［邦訳：ヘルマン・ヘッセ、高橋健二訳、『郷愁―ペーター・カーメンチント』新潮文庫、1956 年］.

74 頁、 「無風帯」：ミュエル・テイラー・コウルリッジは「古老の舟乗り」［上島建吉編『対訳コウルリッジ詩集―イギリス詩人選（7）』、岩波文庫、2002 年に収録］の中で、「無風帯」を次のように描いた。

「来る日も来る日も次の日も
そよとの風も波もなく
動かないこと絵に描いた海の
絵に描いた船のようじゃった。」
［邦訳は同書 221 頁より引用。］

78 頁 「賭け事と嘘と盗み」：Diana Nyad, "Father's Day," *The Score*, KCRW, (July 18, 2005).

79 頁、 「ある夜」：Diana Nyad, "The Ups and Downs of Life with a Con Artist," *Newsweek* (July 31, 2005).

79 頁、 「すべての方角から吹く風」：Homer, *The Odyssey*, translated by Robert Fagles (New York: Penguin Classics, 1996), 231 ［邦訳：ホメロス、松平千秋訳、『オデュッセイア』上・下、岩波文庫、1994 年］.

79 頁、 「命取りの企みだった…すべての風が吹き出した」：前掲書、232-33 頁。

80 頁、 すべてのムスリムにはイスラームの五行を果たす義務があり、ハッジ…行わなくてはならない：ムスリムの伝統では、健康に恵まれない人や旅をするのが経済的に困難な人を例外としている。

81 頁、 「拡張・改築プロジェクト」：歴史的、宗教的重要性を考慮し、この場所の改変については賛否両論がある。保存主義者たちは、歴史的建造物の解体を含む大モスクの改変案に異議を唱える。批判者たちは大モスク周囲の商業化を非難し、ホテル、贅沢なアパートメント、チェーンの高級ブティックを含む新開発と、それに伴う史跡破壊と万人への山の景観へのアクセスを閉ざしてしまうことを、ラスベガスの商業主義と低俗な装飾になぞらえた。この問題を取り上げた最近の多くの記事や見解のひとつに、Ziauddin Sardar, "The Destruction of Mecca," *The New York Times* (September 30, 2014) がある。

82 頁、 「通気が不十分です」：2013 年ならびに 2014 年のアントン・デイビーズとの電話インタビュー。

第 6 章 熱

91 頁、 科学者たちは…考えている：Max A. Moritz et al., "Climate Change and Disruptions to Global Fire Activity," *Ecosphere*, volume 3, Issue 6 (June 2012).

91 頁、 「世界中で、火災…増えていることがわかっています」：Felicity Ogilvie, "Bushfires intensifying as

they feed climate change, scientist warns," The World Today, Australian Broadcasting Channel Online (April 24, 2009).

91頁、 「我々は異常な燃焼挙動を確認しています」：2014年3月のデイビッド・ボウマンとの電話インタビュー。

93頁、 記録上最も暑い年…降雨日が最も少ない年：この事実は Ehud Zion Waldoks, "2010 was hottest year in Israel's recorded history," *Jerusalem Post* (January 3, 2011) を含む複数の情報源に基づく。

93頁、 国際社会に救援を求め：Ethan Bronner, "Suspects Held as Deadly Fire Rages in Israel for Third Day," *The New York Times* (December 4, 2010).

93頁、 「これは特殊な戦闘だ」：Anshel Pfeffer, Barak Ravid, and Ilan Lior, "Major Carmel Wildfire Sources Have Been Doused, Firefighters Say," *Haaretz* (December 5, 2010).

97頁、 ブータンでの火災：Yonten Dargye, "A Brief Overview of Fire Disaster Management in Bhutan," National Library, Bhutan (2003). See also: Kencho Wangmo, "A Case Study on Forest Fire Situation in Trashigang, Bhutan," *Sherub Doeme: The Research Journal of Sherubtse College* (2012).

97頁、 「マッチ棒で遊ぶ子供たち」："Event Report: Forest/Wild Fire in Bhutan," *The Hungarian National Association of Radio Distress-Signalling and Infocommunications Emergency and Disaster Information Service* (January 25, 2013).

97頁、 人々と野生動物を脅かす："Forest Fire," Department of Forests and Park Services, Ministry of Agriculture and Forests, Royal Government of Bhutan (2009).

100頁、 「火はトビが…要素のひとつだ」：David Hollands, *Eagles, Hawks, and Falcons of Australia* (Melbourne: Thomas Nelson, 1984), 36.

100頁、 アボリジニーは…火を使った：Stephen J. Pyne, *Burning Bush: A Fire History of Australia* (New York: Henry Holt and Company, 1991).

100頁、 「カンガルー、ワラビー、ウォンバット」：前掲書、32頁。

100頁、 ビクトリア州は干ばつ13年目だった：Kevin Tolhurst, "Report on the Physical Nature of the Victorian Fires Occurring on the 7th of February," *2009 Victorian Bushfires Royal Commission* (Parliament of Victoria, Australia, 2009) を参照。また "Conditions on the Day," *The 2009 Victorian Bushfires Royal Commission*, Final Report, Volume IV (Parliament of Victoria, Australia, 2009) も参照のこと。

100頁、 「州史上最悪の日」：Marc Moncrief, "Worst day in History," *The Age* (February 6, 2009).

100頁、 煙が上がっている：Kevin Tolhurst, "Report on the Physical Nature of the Victorian Fires Occurring on the 7th of February" 収録の写真を参照。

101頁、 「風向きが変わると何が起きるか」："Inside the Firestorm," Australian Broadcasting Channel (February 7, 2010).

101頁、 「それはハリケーンだった」：Jim Baruta, 前掲書。また *2009 Victoria Bushfires Royal Commission* のジム・バルタの証言も参照。

101頁、 町の消防士全員が自宅を失った："Inside the Firestorm" 収録のグレン・フィスケのインタビュー。

101頁、 「すべてが燃えていた」：Daryl Roderick Hull, *2009 Victorian Bushfires Royal Commission* の証言。

109頁、 「火災増加の危険に直面している」：Kate Galbraith, "Wildfires and Climate Change," *The New York Times* (September 4, 2013).

109頁、 火事の季節は長くなり、大気は煙るだろう：Xu Yue, Loretta Mickley et al., "Ensemble projections of wildfire activity and carbonaceous aerosol concentrations over the western United States in the mid-21st century," *Atmospheric Environment*, volume 77 (2013). また、2014年4月のロレッタ・ミックリーとの電話インタビューと電子メールでのやり取りに基づく。

109頁、 シベリアですら火事が起きる：ここで私がシベリアと呼んでいるのは、歴史的に、また一般的にシベリアとされる（「北アジア」とも呼ばれる）土地であって、2000年の大統領令で制定された狭義のシベリア連邦区の地帯を指しているのではない。

109 頁、 ロシア全域で気温が過去最高水準になった：“Wildfires and Russian Bureaucracy: Perfect Combination,” Pravda.ru、 英語版、(August 3, 2010).

109 頁、 50 人以上が亡くなり、ロシアの穀物収穫高の 4 分の1が炎に消えた：“Satellite images show wildfires hugging Lake Baikal as army use drones to monitor 2013 blazes,” *The Siberian Times* (May 11, 2013).

109 頁、 分速100メートル：“Wildfires and Russian Bureaucracy: Perfect Combination,” Pravda.ru、英語版、(August 3, 2010).

109 頁、 被災地面積の観点では 2012 年が最悪だった。“State of Emergency Declared Due to Fires in Eastern Regions,” *The St. Petersburg Times* (June 18, 2012) を参照のこと。

109 頁、 「山火事の状況は異常だ」：“As Wildfires Rage, the Russian Government Heads East to Battle the Crisis,” *The Siberian Times* (August 6, 2012).

第 8 章 支配権

130 頁、 「素晴らしい天然美」：Jon Chol Ju, “Fascinating Frostwork,” Rodong.rep.kp (December 1, 2010).

130 頁、 風が強くなり、波は高まり：“Unforgettable Last Days of Kim Jong Il' s Life,” *KCNA* (December 21, 2011).

130 頁、 白頭山：ソビエトの文書は金日成の出生地を白頭山ではなくシベリアとしている。

130 頁、 「大きな轟音」：“KCNA Detailed Report on Mourning Period for Kim Jong Il,” *KCNA* (December 30, 2011).

130 頁、 「空は…類のない輝きを帯び」：“Unusual glow tinging the sky” : Rodong.rep.kp (December 25, 2011).

130 頁、 「金正日は天から下った男だったのだ」：Rodong.rep.kp (December 30, 2011).

134 頁、 1894 年の『ナショナルジオグラフィック』：Mark W. Harrington, “Weather Making, Ancient and Modern,” *National Geographic*, Volume 6 (April 25, 1894), 35-62.

136 頁、 干ばつ、洪水、飢餓はアジアも襲った：Fagan, *The Little Ice Age: How Climate Made History: 1300-1850* (New York: Basic Books, 2000), 50 ［邦訳：ブライアン・フェイガン、東郷えりか、桃井緑美子訳、『歴史を変えた気候大変動』、河出書房新社、2009 年］.

136 頁、 小氷河期：1939 年に氷河地質学者フランソワ・マッテスが「小氷期」と名付けた時期の年代については、学者の間で見解の相違がある。ブライアン・フェイガンの『歴史を変えた気候大変動』［前掲書］は、グリーンランドと北極における寒冷化の痕跡を 1200 年頃までたどり、1300 年前後にはヨーロッパに寒波が忍び寄ったとしている。他の学者たちは、小氷期を 17 世紀末から 19 世紀半ばというより限られた時期に位置付けるのを好む。

136 頁、 「最大の原因」：Fagan, 28 ［フェイガン、同上］.

136 頁、 魔女と告発された 100 万人が死刑にされた：Emily Oster, “Witchcraft, Weather and Economic Growth in Renaissance Europe,” *Journal of Economic Perspectives*, Volume 18, Number 1 (Winter 2004), 216.

136 頁、 「男女共多くの人々が…悪魔に身を委ねた」：プロテスタントと世俗の裁判所も「魔女たち」を迫害した。Teresa Kwiatkowska “The Light was Retreating Before Darkness: Tales of the Witch Hunt and Climate Change,” *Medievalia* 42 (2010) ならびに Wolfgang Berhinger *Witches and Witch-Hunts: A Global History* (Malden, MA: 2004) を参照。

138 頁、 「テロリストの爆弾をもたらし」：Sentinel Staff, “Orlando Rainbow Flags Bring New Attack,” *Orlando Sentinel* (August 7, 1998).

138 頁、 ジョン・マクターナンは…せいにした：“Superstorm Sandy and many more disasters that have been blamed on the gay community,” *The Guardian* (October 30, 2012).

138 頁、 ラビ、ノソン・ライターは…言った：Brian Tashman, “Religious Rabbi Blames Sandy on Gays, Marriage Equality,” *Right Wing Watch* (October 31, 3012).

138 頁、 「魔女」殺人が倍増：Edward Miguel, “Poverty and Witch Killing,” *Review of Economic Studies* (2005), 1153-72.

139頁、　「魔術を信じるのは…誤りでしょう」：2012年2月のエステル・トレングローブとの電話インタビュー。また Trengove, E., Jandrell, I. R., "Lightning and witchcraft in southern Africa," 2011 Asia Pacific International Conference on Lightning, Chengdu, China (November 2011) も参照。

139頁、　「私たちが座ると、ひとりが言いました」：2012年2月のエステル・トレングローブとの電話インタビュー。

142頁、　「我々は天候に応じて服を」：Edmond Mathez, *Climate Change* (New York: Columbia University Press, 2009), 279.

142頁、　「気候システムの温暖化は決定的に明確である」：IPCC, 2013: Summary for Policymakers. In: *Climate Change 2013: The Physical Science Basis. Contribution of Working Group I to the Fifth Assessment Report of the Intergovernmental Panel on Climate Change*, Stocker, T.F., D. Qin, G. K. Plattner, M. Tignor, S.K. Allen, J. Boschung, A. Nauels, Y. Xia, V. Bex, and P.M. Midgley eds., (Cambridge University Press, Cambridge, United Kingdom and New York, 2013).

142頁、　科学者たちの主張によると…がある：同様のことを主張する研究は数多くある。そのひとつである2014年米国気象評価書には、「激しい暑さがますます頻繁になり、熱に関連する病気や死亡につながり、徐々に干ばつや山火事の危険性が増してゆき、大気汚染が悪化する。極値降水量になることがますます頻繁になり、それに伴って洪水による被害や海水および淡水が運ぶ病気が増加する。海面は上昇し、沿岸部で洪水や高波が増す」と記されている（Jerry M. Melillo, Terese [T.C.] Richmond, and Gary W. Yohe, eds., *Climate Change Impacts in the United States: The Third National Climate Assessment* [Washington, DC: U.S. Global Change Research Program, 2014], 15）。

142頁、　米国国防総省の2010年の「4年毎の国防計画見直し」："Quadrennial Defense Review Report," (Washington DC: United States Department of Defense, February 2010), 84-94.

145頁、　地球工学戦略は一般的に2つのカテゴリーに分かれる：科学者デイビッド・キースによると、「地球工学」という用語は理想的ではない。「まず、地球工学と呼ばれている2つの事柄を分けなくてはならないのだが、それらが互いに全く無関係だと私は考える。ひとつ目は日光の量を変えること、あるいは太陽放射マネージメントだ…太陽放射マネージメントと［二酸化］炭素除去の間に関係がないは、そのどちらかと、排出ガス削減あるいは適応や保護のような、気候変動のために我々がすべきそのほかのことの間に関係がないのと同じだと思う。だから、どっちが良くてどっちが悪いのかという問題ではなく、技術の構造の問題なのか、技術に関する政策課題なのか、ということなのだと思う。ただ、私にはそれらの間に関連があるとは思えない。だから、その2つに同じ名称を使っていることを、ちょっと残念に思う。」

145頁、　「太陽放射マネージメント（SRM）と呼ばれるアプローチがある」：2012年4月のネイサン・ミアボルトとの電話インタビュー。

145頁　「科学におけるポルノ癖のようなもの」：Jeff Goodell, *How to Cool the Planet* (Boston: Houghton Mifflin Harcourt, 2010), 13.

147頁、　「国立公園があるとしよう」：2012年5月、ニューヨーク州ニューヨークでのリチャード・ピアソンとのとの電話インタビュー。

保護域にすら数々の課題があるにもかかわらず、リチャード・ピアソンは次のように信じる。「保護区域は来世紀においても生物多様性のための最善の策であり続けるだろうと考えるそれ相応の理由がある。天候以外の脅威を減らすことで、公園や保護区は種の多様性と適正な個体数を有する生態系を保つことができる。これまで見てきたように、多様な生態系は気候変動に対してより優れた回復力を持っている」（Pearson, *Driven to Extinction: The Impact of Climate Change on Biodiversity* [New York: Sterling, 2011], 210）。

148-49頁、　148-49頁で描いた円卓会議は想像上のものである。発言は、ネイサン・ミアボルト、エマ・マリス、アラン・ロボック、デイビッド・キースとの個別のインタビュー、その他下記のさまざまな記事による。

148頁、　「私たちは既に地球全体を動かしています」：Emma Marris, *Rambunctious Garden* (New York:

Bloomsbury, 2011), 2.

148 頁、「私はそれが武器として発達させられるのを恐れている」：2012 年 7 月のアラン・ロボックとの電話インタビュー。

148 頁、「起こるかもしれない多くの結果の中に」：Elizabeth Kolbert, "Hosed," *The New Yorker* (November 16, 2009).

149 頁、「私は中国のような国が…想像できる」：2012 年 4 月のネイサン・ミアボルトとの電話インタビュー。

149 頁、「これは自然の終焉ではなく」：Goodell, *How to Cool the Planet*, 45 に引用されたデイビッド・キースの言葉。また、Thomas Homer-Dixon and David Keith, "Blocking the Sky to Save the Earth," *The New York Times* (September 19, 2008) も参照。

149 頁、「たとえ介入することに…嫌がっても」：2014 年 1 月のエマ・マリスとの電話インタビュー。

第 9 章 戦争

154 頁、「ただ立ち尽くしていた」：Seymour Hersh, "Rainmaking Is Used As Weapon by U.S.," *The New York Times* (July 3, 1972).

155 頁、「CIA はエア・アメリカのビーチクラフトを用意」：前掲書。

155 頁、ビンセント・シェーファー：Bruce Lambert, "Vincent J. Schaefer, 87, Is Dead; Chemist Who First Seeded Clouds," *The New York Times* (July 28, 1993).

155 頁、ゼネラルエレクトリック社の宣伝映画："Thinking Outside the Cold Box: How a Nobel Prize Winner and Kurt Vonnegut's Brother Made White Christmas on Demand," GE Reports, December 27, 2011. ここで描かれている映像は www.gereports.com/thinking-outside-the-cold-box/ で視聴可能である（この映画には日付が記されていないが、「去年の 11 月」に最初の雲の種をまいたということに言及しており、それは 1948 年と推測される）。

155 頁、プレスリリース：同上。

155 頁、「気象制御は、原子爆弾と同じくらい強力な武器になり得る」："Weather Control Called 'Weapon,'" *The New York Times* (December 10, 1950).

155 頁、「我々はその地域に種をまき」：Seymour Hersh, "Rainmaking Is Used As Weapon by U.S."

155 頁、「確認された初の気象戦の利用」：同上。またジェームズ・フレミングは著書『気象を操作したいと願った人間の歴史』の中で、1950 年の朝鮮、1954 年のベトナムにおけるフランスによる人工的降雨など、気象を武器として利用しようとした初期の試みについて論じている（James Fleming, *Fixing the Sky* [New York: Columbia University Press, 2010], 182［邦訳：ジェイムズ・ロジャー・フレミング、鬼澤忍訳、『気象を操作したいと願った人間の歴史』紀伊國屋書店、2012 年］）。

155 頁、作戦の焦点は…変わった：Seymour Hersh, "Weather as Weapon of War," *The New York Times* (July 9, 1972).

155 頁、「我々は、自分たちの都合に合った天候パターンを配置しようとしていた」：Seymour Hersh, "Rainmaking Is Used As Weapon by U.S."

155 頁、この計画は秘密裡に行われた：1974 年の議会証言において、国防副次官補デニス・J・ドゥーリンは、自分ですら雲への種まきの試みについては、1971 年のワシントン・ポスト紙のコラムで初めて知ったことを認めた。

156 頁、「ベトナムにおける雲の種まきの目的」：2013 年 7 月のテキサス州ミッドランドでのベン・リビングストンとのインタビューならびに 2013 年と 2014 年の電話インタビュー。

156 頁、「この計画は『厳選した地区で…』」："Weather Modification," ワシントン D.C. での極秘公聴会：United States Senate, *Subcommittee on Oceans and International Environment of the Committee on Foreign Relations*（1974 年 3 月 20 日、1974 年 5 月 19 日公開）.

156 頁、飛行機の翼に何列も取り付けられた：カートリッジの取り付け位置はさまざまである。

156 頁、「タイとかその辺りに」：リビングストンによると「1966 年はダナンから飛び立ち、67 年にはタイのウドルンから飛び立った」。

158 頁、「秘密裡に展開する空軍の人工降雨専門家」：Jack

Anderson, “Air Force Turns Rainmaker in Laos,” *The Washington Post* (March 18, 1971).

158 頁、　「雲の法的位置づけ」：P. K. Menon, “Modifying the Weather: A Stormy Issue,” Letter to the Editor, *The New York Times* (July 10, 1972).

158 頁、　「大量破壊兵器」：Paul Bock, “Outlaw the Martial Rainmakers,” Letter to the Editor, *The New York Times* (July 18, 1972).

159 頁、　ソイスターとドゥーリンは、この計画の有効性について尋ねられた：この記録の前後では、秘密にされていた理由のひとつは、効果がないと認識されていたことかもしれない、とほのめかされている。

159 頁、　国務省当局の代表が…異議を唱えた：Seymour Hersh, “Rainmaking Is Used as Weapon by U.S.”

160 頁、　「気象改変が戦場で、これまでの想像を超える優越性をもたらす」：Col Tamzy J. House et al., “Weather as a Force Multiplier: Owning the Weather in 2025” (August 1996).

160 頁、　未来のシナリオ：
作家エドワード・ベラミーは、人間による気象制御は、理想社会の必要不可欠な要素であると考えた。ベラミーの 19 世紀のベストセラー『顧みれば』の主人公ジュリアン・ウェストは、1887 年、ボストンで催眠術によって眠りに落ち、空想上の 2000 年のボストンで目覚める。この小説の残りの部分では、ウェストは彼を発見した男、リート博士という医師と、彼の魅力的な娘エディスに新千年紀の中を案内される。彼女は、ウェストが未来の生活に順応してゆくにつれて、「上品に色づいた顔色」と「活力あふれる肉体」によって彼の格別の慰めとなった。ウェストは 1800 年代末の階級闘争と不公平さを説明する。リート博士と彼の娘は、社会的調和と豊かさの共有の世界にウェストを歓迎する。天候が問題になることは決してない。ウェストは町でのある夕べを次のように描写する。

「日中大きな暴風雨がやってきて、会食の場はかなり近くだと思っていたが、それでも招待客は夕食のために外出するのをあきらめるくらい道路の状態が悪くなるのではと私は思っていた。しかし、夕食の時刻になって、ご婦人たちが、ゴム長靴も傘もなしに出かける用意をして現れたので、いたく驚かされた。」

「通りに出たとき、この謎は解き明かされた。途切れのない防水カバーが歩道に長く敷かれ、それは明るくて完全に乾燥した通路になっており、夕食会の為に着飾った紳士淑女の列であふれていた。同様に、街角の露天の空間にも屋根が取り付けられていた。私と一緒に歩いていたエディス・リートは、私の時代のボストンの通りは、傘とブーツを着用し、重装備をしない限り嵐の時には通行不可能であったという、彼女にとっては全く初耳の話に興味津々の様子だった。『歩道のカバーは全く使われていなかったの？』と彼女は尋ねた。

私は、使われてはいたが、個人がやっていたことなので、まばらで全く組織的なものではなかったのだと説明した。彼女は、現在では私が見たようなやり方で、すべての街路が荒天に備えられていて、その装置は不要時には巻かれて道路の外に置かれている、と話した。彼女は、天候が人々の社会的な行動に影響を及ぼすのを許してしまうなんて、とてつもなく馬鹿げたことだとほのめかした。」

Edward Bellamy, Looking Backward (Cambridge: Houghton Mifflin, 1887)［邦訳：ベラミー、山本政喜訳『顧りみれば』岩波文庫］.

163 頁、　タイには王立人工降雨・農業航空局がある：“Special Report: The Roles of the Bureau of Royal Rainmaking and Agricultural Aviation,” *Thai Financial Post* (March 1, 2013).

163 頁、　北京の気象庁は…発表した：Jonathon Watts, “China’s largest cloud seeding assault aims to stop rain on the national parade,” *The Guardian* (September 23, 2009).

163 頁、　インドネシアの科学技術評価・応用機構：“BPPT to Use Cloud Seeding to Minimize Flood Risk in Jakarta,” *Jakarta Globe* (January 25, 2013).

163 頁、　科学者たちは今なお…議論している：2014 年のサイエンティフィック・アメリカン誌のある記事は、新たなデータ収集技術とより洗練された分析方法が有効であるという主張を支えていると報告している。「衛星とレーダーによる新たな証拠と、より強力なコンピューター・モデルがヨウ化銀による雲への種まき行為にれっきとした信ぴょう性を与えた。」Dan Baum, “Summon the Rain,” *Scientific American* (June 2014).

164 頁、　「我々の任務は…制御し、徐々に疲弊させ、最後には破壊することである」：Waylon A. (Ben) Livingston, *Dr. Lively's Ultimatum* (New York: iUniverse, Inc., 2004), 159.

165 頁、　「一瞬の強い光の中」：Waylon A. (Ben) Livingston, *Dr. Lively's Ultimatum*, 248.

第 10 章 利益

175 頁、　「私は…森に行った」：Henry David Thoreau, *Walden* (1854) (New York: Penguin Books, 1983), 135［邦訳：ヘンリー・D. ソロー、酒本雅之訳『ウォールデン―森で生きる』、ちくま学芸文庫、2000 年他多数］.

176 頁、　「毎冬、僅かな風のそよぎにも敏感で…池の表面」：Thoreau, 330-31.

177 頁、　「野蛮で破滅的」：Gavin Weightman, *The Frozen-Water Trade* (New York: Hyperion, 2003), 30 で引用されているチューダーの日記。

177 頁、　「嘘ではありません」：同掲書、37 頁。

178 頁、　「見る者が自分自身の姿の深さを測れる」：同掲書、233 頁。

178 頁、　「天の雫」：Thoreau, 227.

179 頁、　「百人のアイルランド人」：同掲書、343-44 頁。

179 頁、　「巨大なエメラルド」：同掲書、345 頁。

179 頁、　「東インド諸島に着くまでに」：James Parton, *Captains of Industry, or, Men of Business Who Did Something Besides Making Money* (Boston: Houghton, Mifflin & Co, 1884), 156-62.

179 頁、　「こうして…」：Thoreau, 346.

180 頁、　氷の貿易について：Elizabeth David, *Harvest of the Cold Months* (New York: Viking, 1995).

180 頁、　「雪のぎっしり詰まった袋」：Fernand Braudel, *The Mediterranean and the Mediterranean world in the age of Philip II*, Volume 1, (Berkeley: University of California Press, 1995), 28-29［邦訳：フェルナン・ブローデル、浜名優美訳『地中海 I』、藤原書店、1991 年］.

180 頁、　ビクトリア女王は…設置していた：Paul Brown, "Queen Victoria's Cooling System," *The Guardian* (July 17, 2011).

181 頁、　エンロン社は初めての天候デリバティブ取引…を行った：Loren Fox, *Enron: The Rise and Fall* (New York: John Wiley & Sons, 2003), 133.

181 頁、　120 億ドルのビジネスだ："2011 Weather Risk Derivative Survey," *Weather Risk Management Association*, PriceWaterhouse Cooper (2011).（ここでは、同調査報告に記載されている 118 億ドルという数字を四捨五入した。）

181 頁、　天候がアメリカ経済に及ぼした影響：Jeffrey K. Lazo et al. "U.S. Economic Sensitivity to Weather Variability," American Meteorological Society (June 2011), 709-20.

181 頁、　天候の経済における重要性をはるかに高く評価する見積もり：John A. Dutton, "Opportunities and Priorities in a New Era for Weather and Climate Services," *American Meteorological Society* (September 2002), 1306. また、John Dutton, *Weather and Climate Sensitive GDP Components*, 1999, Pennsylvania State University (2001) も参照。

182 頁、　「スーパーマーケットを持つ顧客がいます」：2012 年 8 月、ペンシルベニア州バーウィンでのフレデリック・フォックスとのインタビューならびに 2012 年、2013 年の電話インタビュー。

184 頁、　「ウォールデン池のほとりの私の植林地が」：Ralph L. Rusk, *The Letters of Ralph Waldo Emerson*, Volume 3 (New York: Columbia University Press, 1939), 383.

185 頁、　機械式冷蔵の出現について：Oscar Edward Anderson, *Refrigeration in America* (Princeton: Princeton University Press, 1953), 86-102. 氷の貿易の盛衰について：Joseph C. Jones, Jr. *America's Icemen* (Olathe, Kansas: Jobeco Books, 1984), 154, 159.

185 頁、　「腸内細菌」：Weightman, 241.

185 頁、　「寒波が来て…やって来ない限り」："Ice Famine Threatens Unless Cold Sets In," *The New York Times* (February 2, 1906).

第 11 章 楽しみ

188 頁、　ジョン・ラスキン：John Lubbock, *The Use of Life*, (New York: MacMillan and Co., 1895), 69 での引用より。

189 頁、 Craigslist：「ハリケーンがニューヨークを破壊するなら」と「今ソーホー避難所で会った」という投稿メッセージをそれらの Craigslist への投稿直後に取り込んだが、すでに閲覧不可となっている。個人広告「どれくらいホットだろう」は Buzzfeed への投稿記事："8 People Looking For Sex (And Love) During Hurricane Sandy," Anna North, *Buzzfeed* (2012 年 10 月 28 日).

192 頁、 「すべての服を脱いで」：2012 年 4 月のニューヨーク州ニューヨークでのマーク・ノレルとのインタビュー。

193 頁、 「氷の上にそんな気まぐれ」：ウェブサイト thames.me.uk はこの詩について、次の引用を記している：「M・ハーリーとJ・ミレットにより印刷され、ロバート・ウォルターが販売。聖ポール教会の北側のグローブのルドゲート方向の端。各種さまざまな大きさの地図、習字の手本帳、印刷物あり。英語のみならず、イタリア語、フランス語、オランダ語書籍も。王立取引所の西側のジョン・セラーでも販売。1684 年。」

196 頁、 「アナウンサーの声」：Adam Nicholson, "Whipping up a storm over the BBC shipping forecast sacking," *The Guardian* (September 15, 2009).

197 頁、 「雪は 1 週間続いた」：Truman Capote, "Miriam," *Mademoiselle* (June 1945).

200 頁、 「彼らは今、そのために走らなくてはならず」：Charles Cowden Clarke, "Adam the Gardener," *The Monthly Repository*, Volume 8 (London: Effingham Wilson, 1834), 103.

200 頁、 鉱物学者の…と名付けた：I. J. Bear and R. G. Thomas, "The Nature of Argillaceous Odour," *Nature* (March 7, 1964).

第 12 章 予測

208-9 頁、 チャールズ・ゴラブ…娘のロビン：チャールズ・ゴラブは私の祖父、ロビン（・レドニス）は私の母親である。

210 頁、 ウースター郡の竜巻の様子：John M. O'Toole, *Tornado! 84 Minutes, 94 Lives*, (Worcester: Data Books, 1993). 2011 年 5 月のジョプリンの竜巻以前は、ウースターの竜巻がアメリカ史上最大だった。

210 頁、 ローガン空港の気象局：米国学術研究会議の調査では、アップステート・ニューヨークのゼネラルエレクトリック社研究所の気象学者たちと同様に、地方の気象観測機もこの地域での竜巻の可能性を予期していたが、市民への警報を出すには至らなかった。William Chittock, *The Worcester Tornado* (Bristol, RI: 自費出版パンフレット , 2003), 12-13 を参照。

210 頁、 「たちの悪い」：2011 年 11 月のニューハンプシャー州ダブリンでのジャドソン・ヘールとのインタビュー。また、Judson Hale, *The Best of The Old Farmer's Almanac: The First 200 Years* (New York: Random House, 1992), 46 も参照。

211 頁、 「いかに人生を生き抜くか」：Richard Anders, "Almanacs," americanantiquarian.org/almanacs.htm.

214 頁、 「穏やか」あるいは「湿った」または「霜の多い」：Judson Hale, *The Best of The Old Farmer's Almanac*, 43-44.

214 頁、 「貴方は、1947 年 12 月に…」：Hale, *The Best of The Old Farmer's Almanac*, 43 の Robb Sagendorph, Old Farmer's Almanac (Dublin, NH: Yankee Publishing, 1949) からの引用。

214 頁、 「彼は太陽黒点のサイクル…」："Old Faithful Goes Out on a Limb," *Life* (November 18, 1966).

214 頁、 「これは科学ではない」：同上。

214 頁、 「磨きをかけ、強化した」："How We Predict Weather," This statement appears in every issue of the OFA.「我々の天候の予測方法」の説明は、毎号の『老農夫の暦』に記載されている。

214 頁、 「私はほとんど確信しているのだが」：Robb Sagendorph, "My Life with the Old Farmer's Almanac," *American Legion Magazine* (January 1965), 26.

216 頁、 リンカーンは証人に…暦の記載を読むよう依頼し：他の年鑑もこの話に出てくる年鑑が自分たちのものだと主張しているが、ジャドソン・ヘールによれば「8 月 29 日、すなわち殺人の夜について、『月が低い』と書いたのはうちの年鑑だけだ。その年に出たほかの年鑑を見ても、8 月 29 日については何も言っていないよ。」

ノーマン・ロックウェルは「弁護するリンカー

ン」で法廷シーンを描いた。この絵画の中で、アームストロングはうつむいて、手錠をかけられ、祈っているかのように指を組んで座っている。リンカーンは、白い服を着て、最前面に縦長に大きく描かれている。彼は右手を固く握りしめ、左手には眼鏡と1857年の『老農夫の暦』が握られている。

216頁、 天気「予報」を天気「暗示」に変えたことについて、ジャドソン・ヘールは、「それは意味論だった。我々は情報を変えていない。当時、すなわち1944年には、まともな天気予報なんてなかった」。

218頁、 「恐竜の砂肝の化石」…ストーンヘンジの石もある：ジャドソン・ヘール：「私の友人が、アレクサンドロス大王が何かした、という場所に行ったんだ。それで彼女はこれら石を持ってきてくれた。」

220頁、 「『老農夫の暦書』は当時の…主張しています」：2011年11月のオクラホマ州ノーマンでのハロルド・ブルックスとのインタビューならびに2012年の複数回の電話インタビュー。

221頁、 エドワード・ローレンツ：Kenneth Chang, "Edward N. Lorenz, a Meteorologist and a Father of Chaos Theory, Dies at 90," *The New York Times* (April 17, 2008).

221頁、 10年前：これらの出来事の詳細およびローレンツと彼の業績に関しては、James Gleick, *Chaos: The Making of a New Science* (New York: Vintage, 1987) を参照。

221頁、 「長期気象予報が破綻する運命にある」：同掲書。

221頁、 「何匹の蝶がいるのか正確にはわからない」：Edward Lorenz, *The Essence of Chaos* (Seattle: University of Washington Press, 1995), 182.

221頁、 「完璧な予測」：Kenneth Chang, "Edward N. Lorenz, a Meteorologist and a Father of Chaos Theory, Dies at 90."

221頁、 「良い予測とは何か」：Allan H. Murphy, "What Is a Good Forecast? An Essay on the Nature of Goodness in Weather Forecasting," *American Meteorological Society* (June 1993).

222頁、 「受け入れなくてはならない不明瞭さがあるのです」：2011年11月のオクラホマ州ノーマンでのグレッグ・カービンとのインタビューと2012年、2013年、2014年の電話インタビュー。

222頁、 「ウェット・バイアス」：Nate Silver, *The Signal and the Noise* (New York: Penguin Press, 2012), 135［邦訳：ネイト・シルバー、西内啓解説、川添節子訳、『シグナル＆ノイズ――天才データアナリストの「予測学」』日経BP社、2013年］.

222頁、 「人々はイエスかノーかを知りたがる」：2011年11月のオクラホマ州ノーマンでのリック・スミスとのインタビュー。

222頁、 民間伝承での天気予測について、ハロルド・ブルックスは次のように述べている。「たいていの民間伝承は、数多くの観察に基づいています。ですから、本当の質問は、こういった観察がつくられた状況について理解できますか、またそれらはあなたにどのように当てはまりますか、となります。『夕焼けは船乗りの喜び（、朝焼けは船乗りの警告）』は古典的なことわざです。それは基本的に、朝、日の出時と午後にどこに雲がかぶっているのかに注目しています。これは気象系が西から東に移動しているとき、すなわちこれは中緯度地方に当てはまりますが、その場合に大いに役立ちます。したがって、朝の光景については、もし、西からたくさん雲がやってきているのなら、それは嵐が近づいているということです。もし、晴れた日没で、赤い夕焼けの時、たくさんの雲が東に向かっているならば、完全に晴れつつあるということなので、これから良い天気になるということです。そこで、逆の可能性をとって、フロリダの東海岸で赤い夕焼けがあるならば、そう、東に雲があるということ。今は9月です。今お話しした状況は、ハリケーンが近づいているということを意味します。なので、とても悪いことです。ここは西から東のシステムの地域ではないのですから。つまり、それが問題なのです。民間伝承の多くは、大量の観察に基づいているので、基準から外れた状況にいるときには、まったく不適切なものになり得るわけです。」

222頁、 「予測は…その使用者が…」：Allan H. Murphy, "What Is a Good Forecast? An Essay on the Nature of Goodness in Weather Forecasting," *American Meteorological Society* (June 1993).
1944年6月6日――Dデー［ノルマンディー上陸作戦の日］――の連合軍の予報は、どのようにして「良い」予報ができるのかを示す逆説的な例である。ハロルド・ブルックス：「振り返って、Dデーの予報を見ると、連合軍の予報は、侵攻するのに十分良い天気だとしている。大きな問題は波の高さと、どれだけ多くの上陸機が失われる見込みなのかということだった。ドイツの予報は、波が高すぎる、したがって、侵入などばかげているというものだった。双方が自分たちの予報が正しいと考えて行動した。ドイツの予報の方がおそらくより正確であることが判明した。連合軍が侵攻可能と思っていたよりも波が高かったのだ。そのため、ドイツ軍は不意打ちを食らった。『天候が悪い時に侵入するやつなんていない』と考えていたからだ。（ドイツ軍の陸軍元帥エルビン・）ロンメルは夫人の誕生日で彼女に会いに家に帰ってしまっていた。ヒトラー以外で防衛体制を実際に動員できるのは彼しかいなかった。もし、ドイツ軍がより質の悪い予報を得ていたならば、実際に侵攻にもっと備えていたであろうに。もし、連合軍がもっと正確な予報を得ていたならば、『ああ、これでは侵攻する意味がない。多くの犠牲者を出してしまうことになる』と判断したであろう。連合軍が正確さに欠ける予報を得ていたのは、大変幸いなことだった。」

Dデーの予報の事例では、質（正確さ）の低いことが、高い価値（利用者への利益）を意味した──少なくとも、連合軍に関しては。

222頁、「関係を考察し…方法論」：2012年12月のマイケル・スタインバーグとの電話インタビュー。

224頁、ダブリン・コミュニティー教会：『老農夫の暦』のウェブサイトによると、「1852年に建立され、1938年のハリケーンの際に尖塔が吹き飛ばされ、回転して、教会の屋根に逆向きに突き刺さったことで有名になった。」

絵画について

239頁、「自然界を調査する過程での道具」：Susan Dackerman, *Prints and the Pursuit of Knowledge in Early Modern Europe* (Cambridge: Harvard Art Museums, 2011), 20.

活字について

241頁、Qaneq…「降る雪」：この言葉の綴りと定義はボアスによるもので、クルプニクとミュラー - ビレの引用による。Igor Krupnik and Ludger Müller-Wille, "Frank Boas and Inuktitut Terminology for Ice and Snow: From the Emergence of the Field to the 'Great Eskimo Vocabulary Hoax,'" *SIKU: Knowing Our Ice*, Dordrecht: Springer Science + Business Media (2010), 384.

241頁、「責任ある学問研究に…軽視している」：Laura Martin, "Eskimo Words for Snow: A Case Study in the Genesis and Decay of an Anthropological Example," *American Anthropologist*, New Series, Volume 88, Number 2 (June 1986), 421.

241頁、「9だろうと48だろうと100だろうと200だろうと、気にする奴なんていない …言ったためしがない」：Geoffrey K. Pullman, *The Great Eskimo Vocabulary Hoax and Other Irreverent Essays on the Study of Language* (Chicago: University of Chicago Press, 1991), 164. . . 160.

241頁、文化人類学者のイゴール・クルプニク：2014年7月のイゴール・クルプニクとの電話インタビューによる。Igor Krupnik and Ludger Müller-Wille（前掲書), table 16.3, 392-93も参照。

謝辞

この本は多くの人々の協力なしには存在し得なかった。

編集者スーザン・カーミル、著作権代理人エリス・チェイニー、ルイス・バーナードとアメリカ自然史博物館、ソロモン・R・グッゲンハイム財団には、特にお世話になった。

タマラ・コノリー、ジャッキー・ハーン、ダンカン・トナティウは制作およびデザインを助けてくれた。ポール・マローニーとポール・テイラーは私の絵を印画した。グレッグ・カービンとジェニファー&デーン・クラーク、マリー・アン・クーパー、ロン・ホールはこの本の科学的記述について事実確認を行った。アレクサ・ツリス-リーアイは追加の事実確認を行った。(当然ながら、本文に残るいかなる誤りも私自身の責に他ならない。)

インタビューにご承諾くださったすべての皆様に、厚く御礼申し上げる。その多くの方々は本書にお名前が登場している。

また、以下の方々にも深い感謝の意を表したい。

オマル・アリー、テッド・アレン、デイブ・アンドラ、トム・バイオン、マーク・ベンナー、ジュリオ・ベタンクール、ジェイミー・ボーッチャー、ナディーヌ・ブルジョワ、ハロルド・ブルークス、ゲリー・カントウェル、エマ・カルーソ、マリー・ドリニー、ベラ・デサイ、ベンジャミン・ドライヤー、エレアナ・デュアルテ、リチャード・エルマン、ジーナ・エオスコ、デイビット・フェリエロ、バーバラ・フィロン、マイク・フォスター、サム・フレーリック、エレン・ファッター、アン・ゲインズ、ジェニファー・ガルザ、マルコム・グラッドウェル、リズ・ゴールドウィン、J・J・グーリー、アミー・グレイ、イブ・グラントフェスト、スティーブン・グアルナッチア、ジャドソン・ヘール、ジョシュア・ハマーマン、パム・ハインセルマン、シャーロット・ハーシャー、ジャネット・ハウ、アレックス・ジェイコブズ、ジャスティン・ジャンポル、ジリアン・ケーン、ベン・カッチャー、デイビッド・キース、ダニエル・ケルブズ、キム・クラッカウ、ノーラ・クルーグ、ジム・ラデュ、トッド・ランブリックス、デイビー・ラーナー、ベン・リビングストン、レナヤ・リンチ、リー・マーチャント、サリー・マービン、リチャード・マグアイア、キャロライン・ミーアズ、ステファン・メットカーフ、キーラ・マイヤーズ、テス・ネリス、アラナ・ニューハウス、マーク・ノレル、ロレン・ノベック、リチャード・ピアソン、トム・ペリー、アビゲイル・ポープ、リズ・コートン、クリストファー・ラクスワーシー、リリー・レドニス、セス・レドニス、リック&ロビン・レドニス、ミア・ライトマイヤー、スーザン・グラント・ローゼン、マーク・ローゼン、ラス・シュナイダー、エリン・シーヒー、マーク・シッドル、サンドラ・シャーセン、リック・スミス、マイケル・スタインバーグ、デイブ・ステンスルッド、ジャニス・スティルマン、ジーン・ストラウス、ケリ・タープ、スチュワート・ソーンダイク、ジョエル・タワーズ、スベン・トラビス、モリー・ターピン、デイビッド・ウェターグリーン、アンディー・ウッド、テラサ・ゾロ[原文のアルファベット順のまま]。

この本を私の家族、ジョディー・ローゼン、サーシャ・ローゼン、セオ・ローゼンに捧げる。

訳者紹介

徳永 里砂（とくなが　りさ）

東京出身。慶應義塾大学大学院文学研究科後期博士課程修了。著書に『イスラーム以前の諸宗教』（国書刊行会、2012年）、訳書にマーク・アラン・スタマティー『3万冊の本を救ったアリーヤさんの大作戦』（同、2012）、カレン・アームストロング『ムハンマド』（同、2016年）など。

雷鳴（らいめい）と稲妻（いなづま）

発行　2018 年 10 月 25 日

著者　ローレン・レドニス
訳者　徳永里砂

発行者　佐藤今朝夫
発行所　株式会社 国書刊行会
〒174-0056　東京都板橋区志村 1-13-15
TEL.03-5970-7421　FAX.03-5970-7427

印刷　株式会社シーフォース
製本　株式会社ブックアート
落丁本・乱丁本はお取替えいたします。
ISBN　978-4-336-06290-1

ローレン・レドニスは『センチュリー・ガール──ジーグフェルト・フォリーズの最後のスター、ドリス・イートン・トラビスの人生100年』（邦訳未刊、原題：*Century Girl: 100 Years in the Life of Doris Eaton Travis Last Living Star of Ziegfelt Follies*）と『放射能──キュリー夫妻の愛と業績の予期せぬ影響』（国書刊行会、2013年、原題：*Radioactive: Marie & Pierre Curie, A Tale of Love and Fallout*）の著者、全米図書賞の最終選考に残る。パーソンズ・デザイン・スクール（ニューヨーク）にて教鞭をとる。